KB177130

우리는 이제 우주로 간다

우리는 이제 우주로 간다

로켓박사 채연석과 함께 떠나는 우주여행

채연석 지음

차례

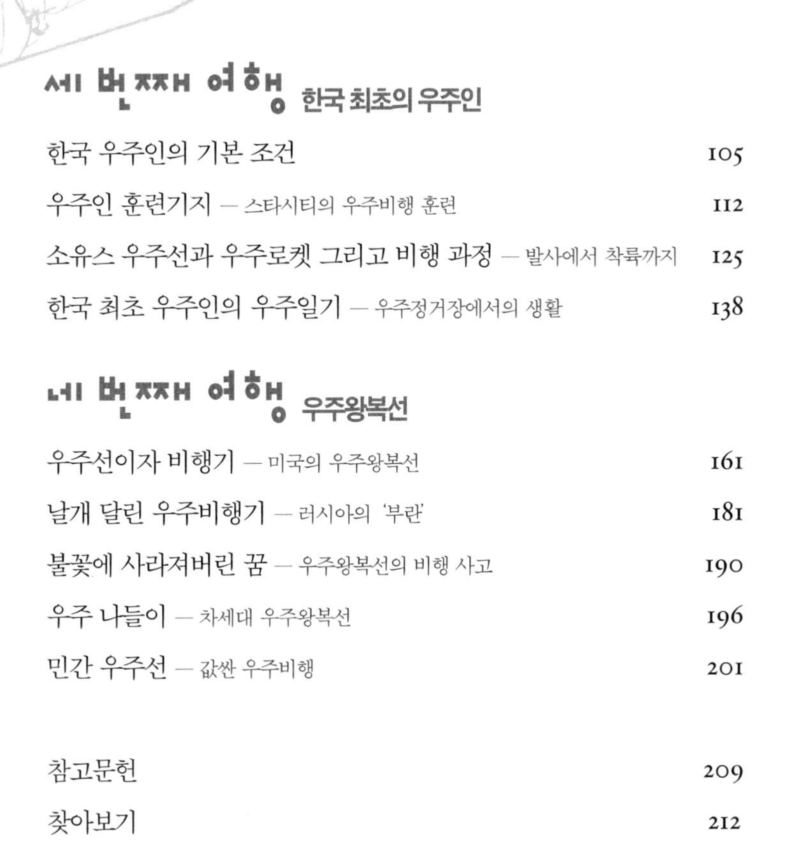

세 번째 여행 한국 최초의 우주인

네 번째 여행 우주왕복선

머리말

우리 인류가 지구에 살기 시작한 것은 수백만 년 전부터라고 한다. 1609년 갈릴레이가 천체망원경으로 우주를 관측하기 전까지 인류는 눈만으로 우주를 보았다. 그후 망원경을 더 크게 만들어 우주를 관측함으로써 새로운 사실을 무수히 발견했다. 그러나 우주를 연구하는 데 망원경만 이용하는 것에는 한계가 있었다. 우주뿐만 아니라 우리가 살고 있는 지구에 대해서도 잘 몰라 1957년과 1958년을 '지구를 관측하는 해(IGY)'로 정했다. 러시아는 1957년 10월 4일 지구를 관측하는 첫 인공위성을 우주로 발사했다. 또 1961년 5월 최초의 우주인 가가린은 우주비행에 성공했고 미국도 뒤따랐다. 1969년 6월에는 미국의 암스트롱이 달에 첫발을 디뎠다. 인류가 지구에서 살아온 수십만 년 만에 처음으로 지구를 떠나 다른 천체에 간 것이다. 지난 40년간 수백여 명의 우주인이 우주비행을 했고, 우주에서 1년 이상 생활을 한 우주인도 있다.

우주비행에는 많은 비용이 든다. 현재 민간인이 우주비행을 하는 데는 러시아의 소유스 우주선을 이용하는 방법밖에 없는데 최소한 200억 원 정도는 필요하다. 아무나 쉽게 우주비행을 할 수 없기 때문에 세계적인 부호 몇 명만이 개인적으로 우주비행을 했을 뿐이다. 우리 나라의 수준으로만 보면 벌써 대한민국 국적의 우주인이 탄생했어야 했다. 올림픽에서 금메달을 한 개도 못 받아 안타까워하던 옛일이 추억이 되었듯이, 2008년 우리 나라의 첫 우주인이 탄생하면 우리 청소년들도 쉽게 우주를 비행할 날이 올 것이다.

2007년 10월 4일은 첫 인공위성인 스푸트니크 1호를 발사한 지 51주년이 되는 해다. 우리는 이 즈음에 우리 위성을, 우리 로켓으로, 우리 우주센터에서 자력 발사에 성공하기를 소망하고 있다. 그렇게 되면 우리 나라는 세계에서 아홉 번째로 우주클럽에 가입하고, 선진 우주국으로 진입하는 원년이 될 것이다. 뿐만 아니라 한국인 첫 우주인이 2008년 국제우주정거장을 방문한다면, 우리가 지금보다 더욱 적극적으로 국제공동우주개발에 참여하는 도화선이 될 것이다.

고등학교 1학년 때 과학전람회에 출품할 로켓을 만들다가 폭발 사고로 왼쪽 고막을 잃어버린 내가 로켓과 인연을 맺고 함께 살아온 지도 벌써 40년이 되어간다. 이제는 왼쪽 고막도 재생되어, 곧 우리 땅을 박차고 우주로 비상하는 로켓에서 분출하는 굉음을 들을 생각에 벌써 가슴이 벅차오른다.

세계 각국의 유인 우주비행과 우주정거장 건설, 우주수송선, 우주인의 훈련기지와 우주 생활, 한국 우주인 선발 계획 등을 꼼꼼히 살펴본 이 책이 우주 탐험의 꿈을 키워가는 우리 청소년들에게 좋은 길잡이가 되었으면 하는 마음 간절하다.

끝으로, 불가능할 것 같았던 한국 우주인의 탄생과 우리의 우주로켓으로 우리 땅에서 우주로 인공위성을 쏘아올리는 일이 가능할 수 있도록 도와주신 모든 분들에게 감사드린다.

2006년 4월, 대덕에서

채연석

첫 번째 여행 유인 우주비행

최초로 지구를 떠나다

우주를 산책하다

세계 세 번째 유인 우주비행

민간인의 우주비행

최초로 지구를 떠나다

러시아의 유인 우주비행

러시아는 첫 인공위성을 발사할 때부터 유인우주선 발사를 생각하고 있었다. 사람을 태운 우주선을 발사하기에 충분한 크기의 우주로켓을 이용하여 첫 위성을 발사한 지 불과 한 달 뒤에는 개를 태운 무게 500킬로그램짜리 위성을 발사했다. 이때까지도 미국은 첫 인공위성을 발사하지도 못했을 뿐만 아니라 두 달 뒤 첫 발사에 성공한 인공위성 무게는 겨우 5킬로그램 정도였다.

세계 최초의 '얼짱' 우주인 가가린

보스토크 우주선의 무게는 4.73톤이며, 길이는 4.4미터, 최대 지름이 2.43미터였다. 우주인이 탑승할 구형 캡슐은 지름이 2.3미터, 무게가 2.46톤이었다. 러시아는 1960년 스무 명의 우주비행사를 선

발사대로 가는 버스 속의 얼짱 가가린
(사진 러시아 우주청)

발하여 훈련시켰는데, 그 중에서 유리 가가린(Yuri Gagarin)이 첫 번째 우주비행사로 선발되었다. 유리 가가린은 최초로 우주비행을 한 뒤 세계적인 영웅이 되었다. 더구나 가가린은 '얼짱' 이어서 커다란 인기를 누렸다.

가가린과 함께 우주비행사 훈련을 받은 티토프(Titov)는 1996년 우주비행 35주년을 맞아 한 회고에서 모든 비행 훈련 성적에서는 자신이 가가린보다 우수했으나 첫 우주인으로 가가린이 뽑힌 것은 그의 '준수한 용모' 때문이라고 주장했다. 소련 지도부로서는 텔레비전 카메라나 각종 화면을 잘 받는 가가린이 우주 영웅 만들기에 더 적당했을 것이라는 주장이다. 우주인 선발에서도 얼짱이 유리했던 것 같다. 가가린은 1968년 비행 사고로 사망했다. 얼짱 우주인 때문에 티토프는 두 번째로 우주비행을 했다.

보스토크 1호의 우주비행 일정을 살펴보자.

1961년 4월 8일 러시아 정부는 러시아의 첫 번째 유인 우주비행을 승인, 비행 계획은 180~230킬로미터의 궤도를 90분간 우주비행하는 것.

4월 10일 저녁 첫 유인 우주비행사로 유리 가가린을, 그리고 후보 비행사로 티토프를 선정.

4월 11일 새벽 2~4시 사이 보스토크 우주선과 조립된 로켓을 발사대로 이동.

4월 12일 발사일 새벽 2시 30분 우주비행사 가가린과 티토프 기상.

3시 50분 버스 편으로 가가린과 티토프 발사대에 도착(발사대로 가는 동안 가가린의 표정은 몹시 긴장되어 있었다).

4시 10분 가가린이 보스토크 1호 우주선에 탑승하여 지상국과 연결되는 통화 장치의 스위치를 켬.

4시 50분~5시 10분 우주선 출입문에 이상이 생겨 수리 작업을 함.

6시 7분 러시아의 카자흐스탄에 있는 바이코누르 우주기지에서 발사.

6시 9분 1단 로켓과 추력 보강용 로켓 분리하고 2단 로켓 점화.

6시 10분 우주선 보호용 껍질을 우주선에서 분리.

6시 12분 2단 로켓이 분리되고 3단 로켓 점화.

6시 21분 우주선이 3단 로켓에서 분리되면서 지구궤도 진입.

6시 37분 지구의 그림자 속으로 들어감(우주선이 지구궤도를 회전하면서 지구의 밤 지역으로 들어가는 것).

6시 49분 미국 상공을 비행.

7시 2분 모스크바 방송국에서 보스토크 1호 발사 성공을 공식적으로 발표.

7시 9분 지구의 그림자 지역에서 벗어남.

7시 25분 지구의 재진입용 역분사 로켓 점화.

7시 32분 보스토크 캡슐을 타고 지구로 귀환하다가 우주비행사 캡슐에서 탈출하여 낙하산을 폄.

7시 55분 유리 가가린이 세계 최초로 우주비행을 마치고 사라토프 지역의 엔겔에서 남서쪽으로 26킬로미터 떨어진 지점에 무사히 착륙.

가가린을 태운 보스토크 1호가 우주로 출발하고 있다. (사진 러시아 우주청)

러시아 유인우주선이 지구로 귀환한 곳은 바다가 아닌 육지였다. 육지에 우주선이 착륙할 때의 충격을 줄이기 위해 중간에 우주인이 귀환캡슐에서 탈출하여 낙하산으로 착륙하고, 캡슐은 캡슐대로 낙하산을 펴고 별도로 지구에 착륙하는 방법을 이용했다.

보스토크 우주선을 발사한 로켓은 R-7 로켓을 개량한 3단형 A-1 로켓이다. 개량한 부분은 1단 로켓 엔진의 추진제를 파라핀 기름에서 케로신(석유)으로 바꾸어 추력을 327톤에서 335톤으로 증가시켰고, 2단 로켓의 엔진 역시 추진제를 바꾸어 73.6톤에서 98톤으로 추력을 증가시켰다. 그리고 2단 로켓 위에는 코스버그 설계국에서 개발한 추력 5.6톤짜리 엔진의 3단 로켓을 달았고 그 위에 보스토크 우주선이 있다.

우주선을 포함한 전체 높이는 38미터, 최대 지름은 10.3미터, 발사할 때의 전체 무게는 287톤이다. A-1 우주로켓의 특이한 점은 발사할 때 발사대 밑에서 1단 로켓과 2단 로켓의 엔진에 화염을 분사하여 점화하는 것이다. 현대식 로켓은 엔진에 자체 점화장치가 있다. A-1 로켓은 1단 로켓, 2단 로켓을 크게 변경하지 않고 1960년 이후 지금까지 40년 이상 계속 사용되는 세계 최장수 우주로켓이다.

1961년 8월 6일 발사된 우주선 보스토크 2호에는 우주인 티토프를 태우고 25시간 18분 동안 지구를 열일곱 바퀴 돌았고, 1년 동안 새로운 비행 준비를 마친 러시아는 1962년 8월 11일과 12일에는 보스토크 3호와 4호를 하루 간격으로 발사했다. 동시에 두 우주선이 우주에 같이 있도록 하여 세계를 놀라게 했다.

8월 11일에 발사된 보스토크 3호는 94시간 25분 동안에 걸쳐 지구를 64회전하는 기록을 세웠으며, 하루 늦게 발사된 보스토크 4호도 70시간 57분 동안 지구를 48회 선회하고 무사히 착륙했다. 이처럼 동시에 두 우주선을 발사하는 것은 지구궤도에서 두 우주선을 결합해 한

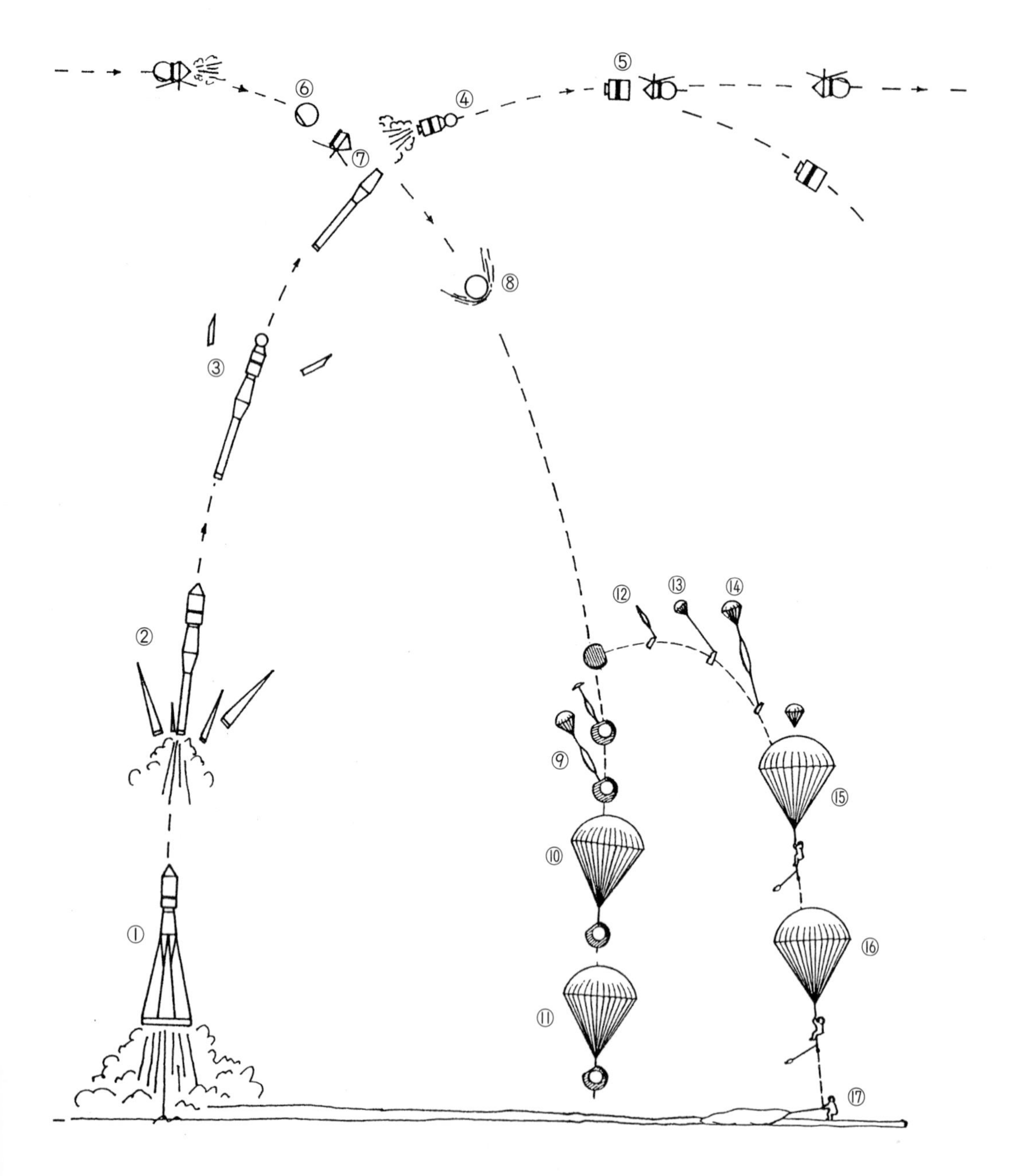

보스토크 우주선의 발사에서 지구에 착륙하기까지(채연석 그림) ① 발사 ② 추력보강용 로켓 분리 ③ 우주선 보호용 덮개 분리 ④ 1단 분리 및 2단 점화 ⑤ 보스토크 우주선과 2단 로켓 분리 ⑥ 역추진 로켓 점화 ⑦ 귀환용 캡슐과 기계선 분리 ⑧ 대기권 돌입 ⑨ 캡슐용 보조 낙하산 펼침 ⑩ 캡슐용 주낙하산 펼침 ⑪ 착륙 ⑫ 우주인 캡슐로부터 탈출 ⑬, ⑭ 우주인용 보조 낙하산 펼침 ⑮, ⑯, ⑰ 우주인 주낙하산으로 착륙

성공적인 첫 우주비행을 마치고 사라토프 지역에 착륙한 보스토크 1호 (사진 러시아 우주청)

우주선으로 만들려는 계획이 있었기 때문이다.

세계 최초의 여자 우주인

미국의 머큐리 계획이 끝나고 며칠 뒤인 1963년 6월 14일과 16일 러시아는 보스토크 5호와 6호를 발사하여 우주에서 랑데부를 하는 데

1963년 6월 16일 보스토크 6호를 타고 우주비행에 성공한 첫 여성 우주인 테레슈코바(사진 러시아 우주청)

성공함으로써, 또다시 미국을 비롯한 서방세계를 놀라게 했다.

당시 보스토크 5호는 6월 14일 발사되어 119시간 6분 동안 지구를 81회전했다. 거의 5일 동안 우주에 머물러 있었던 것이다. 6월 16일 발사된 보스토크 6호는 70시간 50분 동안 지구를 48회전했으며, 보스토크 5호와 6호는 지구궤도에서 약 5킬로미터까지 접근하여 같이 비행하는 랑데부 비행에 성공했다. 이로써 러시아의 보스토크 계획도 막을 내렸다. 더욱 놀라웠던 일은 세계 최초로 여성 우주인 테레슈코바(Tereshkova)가 보스토크 6호를 타고 우주비행을 했다는 사실이다.

테레슈코바는 어렸을 때부터 하늘을 나는 도전을 꿈꾸었다.

"학교 다닐 때부터 비행기가 날아다니는 것만 보아도 가슴이 설레고, 두 살 때 군대에서 영영 돌아오지 않은 아버지를 생각하며 그리워한 것도 우주인의 길을 재촉했죠."

1958년 친구 소개로 낙하산 클럽에 가입했고 비행과 낙하산 타는 연습을 집중적으로 했다. 폭우 속에서도 낙하산을 탈 정도였다. 1961년 그녀의 활동이 보도되면서 우주비행사 후보로 발탁되는 행운을 얻었다. 그녀는 남자와 똑같이 우주비행사 훈련을 받았다.

2003년 6월 16일 그녀의 고향인 야로슬라프 시는 테레슈코바의 우주비행 40주년을 기념하여 그녀의 이름을 딴 박물관을 개관했다. 개관식에서 그녀는 "도전하는 자만이 인생을 쟁취한다. 우주도 여성의 무대"라고 말했다.

더 커진 우주선 보스호트

보스토크 계획을 끝낸 러시아는 이어서 보스호트(Voskhod) 계획을 실행에 옮겼다. 한 우주선에 여러 명의 우주인을 태워 발사하려는 이 계획의 목적은 차후 달 탐험 계획에 필요한 기술 중 하나인 우주인의 우주 산책과 우주복을 입지 않고도 우주선 내에서 생활할 수 있도록 하는 데 있었다.

1964년 10월 12일 세 명의 우주비행사를 태운 보스호트 1호가 성공적으로 발사되었다. 서른여덟 살의 과학자인 페옥티스토프(K. P. Feoktistov), 우주선 조종사인 코마로프(Komarov) 대령, 그리고 스물일곱 살의 예고로프(B. B. Yegorov) 박사가 탑승하여 근지점 177.6킬로미터, 원지점 406.4킬로미터의 타원궤도를 24시간 1분 동안 돌며 지구를 16회전하고 착륙했다.

러시아는 보스호트 1호를 발사하면서 한꺼번에 세 명의 우주인을 태웠으며, 또 이 우주인들이 우주비행 중 우주복을 입지 않고 우주선 안에서 생활하는 기록을 세웠다.

보스호트 1호가 발사되기 전만 해도 미국과 러시아는 각각 1인승 우주선만 발사했을 뿐이다. 미국에서 계획 중인 제미니 우주선은 두 명의 우주인을 태울 수 있는 우주선이었지만, 실제로 이때까지 두 명 이상의 우주인을 태우고 발사한 우주선은 없었다.

보스호트 우주선은 보스토크 우주선을 개량한 것으로서 지구로 귀환할 때 충격에 대비하여 우주선에서 우주인이 분리되어 각각 낙하산을 이용해 육지에 착륙하던 방식을 바꾸어, 낙하산의 아랫부분에 역추진 로켓을 장착하여 우주인이 우주선에 탑승한 채 사뿐히 지구로 귀환할 수 있도록 했다. 이러한 우주선의 구조 변경으로 보스호트 우주선은 보스토크 우주선보다 무게가 590킬로그램 더 무거웠다.

1965년 3월 18일에 러시아의 보스호트 2호가 발사되었다.

보스호트 2호에는 레오노프(A. A. Leonov) 중령과 함께 벨리야예프(P. I. Belyayev) 대령이 탑승했다. 우주선의 무게는 5682킬로그램이었다. 발사대를 떠난 보스호트 2호가 지구를 2회전하기 시작할 즈음, 레오노프 중령이 5미터 길이의 생명줄에 매달려 10분간 우주선 밖으로 나와 산책했다. 이로써 레오노프는 우주 공간에서 우주선 밖으로 나와 우주 산책을 한, 첫 번째 우주인이 되었다. 보스호트 2호 우주선에는 우주 산책을 하기 위해 우주선에서 출입할 때 사용할 특수 통로를 부착하여 우주선의 무게도 250킬로그램이 더 늘어난 5682킬로그램으로 무거워졌다.

당시 러시아가 발표한 레오노프의 우주 산책 사진은 희미했다. 서방세계에서는 이 사진을 보고 러시아가 지상의 물속에서 우주 산책을 연습하며 찍은 사진이라고 하며, 러시아의 우주 산책 사실을 쉽게 믿

최초로 보스호트 2호 우주선 밖으로 나와 우주 산책을 하고 있는 레오노프 우주인(사진 러시아 우주청)

으려 하지 않았다.

보스호트 1,2호를 발사한 로켓은 보스토크 우주선을 발사한 A-1 로켓을 개량한 A-2 로켓이었다. A-2 로켓의 1단 로켓은 A-1 로켓과 같으며, 2단 로켓은 추진제만 3톤가량 더 실어 연소 시간을 10초 더 길게 했다. 3단 로켓은 코스버그 연구소에서 제작한 RD-461 엔진을 장착하여 240초 동안 30톤의 추력을 발생하도록 개량한 것이다. 로켓의 전체 높이는 44.9미터이며, 발사할 때의 로켓 무게는 307.3톤, 1단 로켓의 추력은 408톤이었다.

우주로 간 개들

러시아는 첫 인공위성을 발사한 이후 곧 사람이 탄 우주선 개발에 착수했다. 이 계획을 위해 러시아의 귀여운 강아지들이 동원되었다.

몇 년 전 러시아의 우주과학 교수가 항공우주연구소를 방문한 적이 있었다. 세미나가 끝난 후 그와 함께 저녁 식사를 했는데 식사 중 러시아 교수가 한 말이 생각난다. 러시아 교수는 딸에게 곧 한국을 방문할 것이라고 말했더니 딸이 "지난번 88 서울올림픽 때 텔레비전을 보았는데 한국 사람들은 개고기를 잘 먹는다고 하던데, 아빠는 한국에 가면 개고기를 먹지 말라"고 말했단다. 난 무슨 말을 해야 좋을지 좀 난처해졌다. 궁리 끝에 러시아에 돌아가면 딸에게 다음과 같이 전해달라고 부탁했다. "한국에 가보니 지난번 88 서울올림픽 때 외국 사람들이 한국의 개고기를 모두 먹어 치워서 나는 구경도 못 했다"고.

사실 러시아 사람들이 영양탕을 좋아하는지는 모르지만 개를 무척 사랑하는 사람들 같지는 않다. 왜냐하면 러시아에서 개들은 항상 의료 실험용이기 때문이다. 마찬가지로 우주개발을 준비하는 과정에서도 개를 실험용으로 많이 사용했다.

1951년부터 1960년 6월 15일까지 10년 동안 러시아가 과학 관측 로켓에 실어 발사한 동물은 주로 개와 토끼였는데, 모두 24회에 걸쳐 34마리의 개와 2마리의 토끼를 사용했다.

러시아는 이러한 실험에서 얻은 자료로 장차 동물이 탑승할 인공위성 개발에 몰두했다. 러시아는 스푸트니크 1호를 발사한 지 한 달 뒤인 11월 3일, 라이카(Laika)라는 우주개를 탑승시킨 스푸트니크 2호를 발사하는 데도 성공했다. 이 사건은 인공위성 발사를 서두르고 있는 미국 국민과 과학자들, 그리고 서방세계의 국민들을 더욱더 초조하게 만들었다. 미국에서는 아직도 첫 인공위성을 발사하지 못했는데, 러시아에서는 벌써 개를 태운 무게 500킬로그램짜리 인공위성을 발사했기 때문이다. 당시 미국에서 발사하려고 준비한 인공위성의 무게는 겨우 4.8킬로그램짜리였다.

세계 각국은 러시아에서 개를 태운 인공위성을 발사한 것에 대하여 놀라움을 금치 못했다.

서독의 『디벨트』지는 1957년 11월 5일자 사설에서 "우리들의 머리 위를 돌고 있는 위성을 타고 있는 개는 미래에 있을 인간의 우주여행에 대한 선구자이고, 지구의 생물이 우주에서 생존할 수 있다는 원칙이 가능함을 증명할 것이다"고 말할 정도였다.

당시 러시아의 로켓 설계 책임자인 크롤레프(Krolev)는 인공위성에 어떤 동물을 실을까 무척 고민했

러시아에서 선발한 우주비행용 강아지들
(사진 러시아 우주청)

다. 관계자들은 벌레(지렁이), 파리, 도마뱀, 쥐, 토끼, 개 중에서 최종적으로 개를 선택했다. 그리고 어떤 종류의 개를 선택할 것인지를 검토했는데 이 또한 쉬운 일은 아니었다.

첫째 조건은 개의 무게가 6~7킬로그램 정도여야 한다는 것이었다. 당시 로켓의 성능 때문에 이 정도 무게의 개를 탑승시키는 것이 가능했다.

두 번째와 세 번째 조건은 개의 털 색깔이 흰색인 암놈이어야 한다는 것이다. 털 색깔은 비행 중 무중력상태에서의 표정과 움직임을 살피는 데 매우 중요했으므로 흰색을 선택했으며, 암놈을 선택한 이유는 우주비행 후 번식에 대한 영향을 살피기 위한 것이었다.

동물학자들은 털 색깔, 몸 길이, 키, 무게 등을 측정하여 아홉 마리의 개를 매우 까다롭게 선발했다. 그리고 각각 별명을 지어주었다. 스푸트니크 2호를 탄 라이카를 비롯하여 스트렐카(Strelka), 벨카(Belka), 리시취카(Lisichka) 등. 그리고 정기적으로 진찰을 하여 건강 상태를 계속 조사했다.

최초의 우주개인 라이카는 직경 1.7미터, 길이 2.2미터인 산소가 들어 있는 밀폐된 원통 속에 앉아 우주로 발사되었다. 발사 당시 개의 무게는 5킬로그램이었다.

지구궤도에 진입한 최초의 생물인 라이카는 우주 공간에서 104분마다 지구를 선회하며 호흡률, 심장의 고동 및 생리적인 반응에 대한 자료를 일주일 정도 계속 보냈으며, 그후에는 자동장치에 의해 약물을 주사받고 영원히 잠들었다. 스푸트니크 2호는 라이카를 실은 채 1958년 4월 14일 지구 대기권에 재돌입하여 타버렸다.

우주를 산책하다

미국의 유인 우주비행

1961년 4월 12일 러시아의 유리 가가린이 보스토크 1호를 타고 지구를 한 바퀴 돈 다음 지상으로 돌아왔을 때 전 세계 사람들, 특히 서방세계 사람들은 경악을 금치 못했다. 러시아가 첫 위성을 발사한 지 채 4년도 되기 전에 사람을 태워 우주비행하는 데 성공했기 때문이다.

당시 미국의 존 스미스 상원의원은 이렇게 말했다.

"도대체 우리 나라 과학자들은 무엇을 해왔단 말인가? 이거 어디 나라의 체면이 서야 말이지……."

그리고 봅 로버트 의원은 한술 더 떴다.

"체면 문제뿐만 아니지, 러시아 사람이 허공에 올라가 우주선을 타고 지구 주위 궤도를 88분마다 한 번씩 돌 수 있다면, 어디 우주선에 무기라도 싣고 다니면서 지구로 떨어뜨리는 기술인들 없겠는가? 이것은 분명히 국가 안전보장과 관계가 있는 중대 문제다."

이 사건은 우주개발을 서둘러 곧 러시아를 앞지르겠다고 공약한 케네디 대통령에게도 큰 타격이었다. 미국은 우주경쟁에서 러시아를 따라잡기 위해 1958년 10월 1일 미국항공우주국(NASA)을 발족시켰다.

미국항공우주국 설립과 머큐리 계획

미국항공우주국을 발족하기 전까지만 해도 육·해·공군, 민간(NACA) 등 여러 곳에서 무질서하게 우주개발 계획을 내놓고 있었다. 이제 미국이 체계적으로 우주개발을 하기 위해서는 이 분야를 총괄적으로 계획하고 실천할 기구가 필요했다. 미국항공우주국을 대통령 직속 기관으로 설치하고, 국장은 장관급으로 임명되었다. 그리고 미국항공우주국의 임무를 다음과 같이 정했다.

① 미국의 항공 우주 활동을 계획, 실시.
② 항공 우주비행체를 이용한 과학적 측정과 관측 실시.
③ 그 성과에 대한 보급.

미국항공우주국은 라이트 형제가 처음으로 하늘을 난 지 50년이 되던 해인 1958년 12월 17일, 우주비행사 한 명을 지구궤도에 비행시키는 내용의 머큐리(Mercury) 계획을 발표했다. 1959년 4월 9일 미국은 첫 우주비행사 후보 일곱 명을 선발했다.

이들은 비행 경력이 많은 비행사들 중에서도 뽑고 또 뽑은 아주 우수한 비행사들로서 공군에서 세 명, 해군에서 세 명, 해병대에서 한 명 선발하였다(미국에는 해군과 해병대에도 각각 비행대가 있다).

일곱 명의 이름은 앨런 셰퍼드(Alan Shepard), 버질 그리섬(Virgil Grissom), 존 글렌(John Glenn), 맬컴 카펜터(Malcom Carpenter), 월터 시라(Walter Schirra), 고든 쿠퍼(Gordon Cooper), 도널드 슬레

미국항공우주국에서 선발한 첫 우주비행사 일곱 명. 앞줄 왼쪽부터 월터 시라, 도널드 슬레이턴, 존 글렌, 맬컴 카펜터, 뒷줄 왼쪽부터 앨런 셰퍼드, 버질 그리섬, 고든 쿠퍼(사진 NASA)

이턴(Donald Slayton)이다.

머큐리 우주선

머큐리 우주선의 길이는 2.9미터, 최대 지름 1.87미터로 한 사람이 겨우 탈 수 있을 정도였다. 무게는 1355킬로그램인데, 당시 1억 6000만 달러를 들여 모두 24대를 맥도널 항공회사에서 제작했다. 하나의 우주선에 들어간 배선의 길이가 11킬로미터라고 하니 얼마나 복잡한 기계인지 알 만하다.

머큐리 우주선의 벽은 이중의 고성능 금속으로 만들었다. 바깥벽은 강도를 높여 고열에도 견딜 수 있도록 루네4라고 하는 주름진 특수 합금판을 용접했으며, 안벽은 티타늄으로 만들었다. 외벽과 내벽 사이는

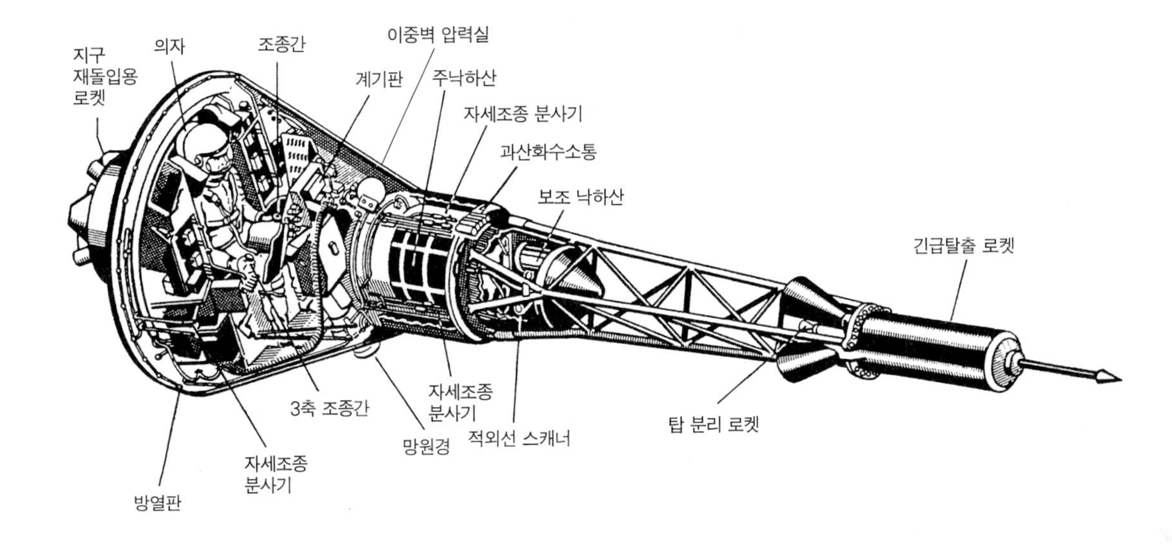

미국의 1인승 머큐리 우주선 구조
(그림 NASA)

빈 공간이며, 바깥의 열이 안으로 전달되지 않도록 설계했다.

우주비행사가 머큐리 우주선에 타면 가만히 앉아서 우주선을 조정해야 하므로 손이 닿을 수 있는 거리와 쉽게 볼 수 있는 곳에 계기판과 각종 조종 기기들이 가득 들어차 있다. 자세 조정용 연료인 과산화수소의 양을 확인하는 계기, 우주선의 방향을 나타내는 계기, 위성 시계 등이 그것인데 위성 시계는 네 개의 시계로 구성되어 있다.

제1시계는 그리니치 표준시(발사장과 세계 각지의 추적소는 모두 이 표준시를 쓴다)를, 제2시계는 우주선이 발사대를 떠난 후의 시간 경과를 기록한다. 제3시계는 우주선이 지구에 돌아오기 위하여 역분사 로켓을 발사할 때까지의 시간이 얼마나 남았는지를 보여준다. 마지막으로 제4시계는 출발 전에 지상에서 정해진 시간에 로켓을 점화하기 위한 것이다.

오른쪽 계기판에는 생명과 관계 있는 우주복과 우주선 안의 기압,

러시아는 개, 미국은 원숭이

러시아에서는 우주 실험용으로 개를 많이 사용했지만 미국에서는 개를 사용하느니 차라리 우주개발을 포기하는 게 낫다고 생각할지도 모를 일이다. 미국인들은 추운 밤에는 개를 집 밖으로 내보내려고도 하지 않을 정도인데, 하물며 늘 추운 우주로 개를 보낸다는 것은 있을 수도 없는 일이기 때문이다.

미국에서는 우주 실험용으로 사람과 생리적인 면 등 여러 가지로 비슷한 원숭이, 침팬지 등을 주로 사용했다. 미국에서 동물의 우주비행을 본격적으로 시작한 때는 1959년 12월 4일이다. 원숭이 샘이 머큐리 우주선을 타고 11분 6초 동안 탄도 비행한 것이다.

또 1961년 1월 31일에는 침팬지 햄이 16분 36초 동안 우주를 비행했다. 침팬지를 우주비행에 이용하는 이유는, 생리학적으로 사람과 비슷할 뿐만 아니라 각종 실험에 참가하기 위한 훈련이 가능하기 때문이다. 여러 자극에 대한 침팬지의 반응 속도는 10분의 7초로 10분의 5초인 사람과 매우 가깝다. 우주비행 중에 6분 40초 동안 무중력상태가 있었는데, 이 시간 동안 햄은 훈련받은 각종 실험을 실시했다. 그리고 비행 중 햄의 맥박, 호흡, 체온 등을 기록하여 분석했다.

1961년 11월 29일에는 침팬지 에노스가 미국 최초로 3시간 21분 동안 지구궤도를 2회전하고 지구로 귀환하는 데 성공하여 존 글렌의 지구궤도 우주비행에 자신감을 주었다.

침팬지 에노스가 미국에서 처음으로 지구궤도 비행을 마친 후 마중 나온 친구에게 "우리가 러시아인보다는 조금 뒤졌지만 미국인보다는 조금 앞섰군!"이라고 자랑하는 미국 신문 삽화

에노스가 지구궤도 비행에 성공한 다음날 미국의 한 신문은 재미있는 만화를 실었다. 에노스가 우주선에서 걸어 나오면서 마중 나온 친구 침팬지에게 "우리가 러시아 사람들보다는 조금 뒤졌지만 미국 사람들보다는 조금 앞섰군!"이라고 말한다. 이것은 침팬지 에노스의 우주비행이 러시아 가가린의 우주비행(1961년 4월 12일)보다는 7개월 늦었지만 미국의 우주비행사인 글렌의 우주비행(1962년 2월 20일)보다는 3개월 앞선다는 재치 있는 말이다.

온도 등을 포함한 환경 조절 장치가 달려 있다. 그 밑에는 우주선 안의 전기 설비를 표시하는 계기 장치들이 있다. 또 그 밑에는 지상과 연락할 수 있는 연락장치가 있다. 우주비행사 오른쪽에는 우주선 안의 고장 등 각종 위험을 경보하는 램프가 모여 있고, 이 계기의 끝에는 퓨즈 상자가 있다.

우주선 속의 기압이 내려가면 우주복 속의 기압도 떨어뜨려야 하는데, 그러지 않으면 우주복이 부풀어 올라 우주인의 움직임이 거북해진다. 우주복에 헬멧을 쓰면 무게는 10.8킬로그램이 되었고, 우주복 한 벌의 값은 500달러(1960년 당시)나 되었다.

머큐리 우주선의 무게는 발사할 때 1935킬로그램, 궤도를 비행할 때 1355킬로그램, 바다에 떨어져 회수할 때는 1098킬로그램이 나갔다. 이렇게 각각 무게가 달라진 이유는 발사할 때는 각종 짐(산소나 연료)들이 많이 채워져 있기 때문이다. 또 바다 위의 예정된 지점에 착수(着水)할 때는 지름 2미터짜리 주낙하산을 펼쳐 낙하속도를 시속 32킬로미터로 줄이게 되어 있다.

탄도 우주비행

세 번의 동물 우주비행에 성공하여 자신감이 생긴 미국은 1961년 5월 5일 미국 최초의 유인우주선 자유(Freedom) 7호에 앨런 셰퍼드를 태워 보냈다. 자유 7호는 15분 28초 동안 186.4킬로미터 상승한 뒤 484.8킬로미터 떨어진 대서양에 착수하는 데 성공했다.

미국인들은 아주 좋아했다. '드디어 우리도 해냈구나!' 그러나 미국의 우주비행은 러시아와는 달랐다. 러시아는 우주비행사가 지구를 한 바퀴 완전히 회전한 데 비해 미국은 대포 탄환처럼 포물선을 그리며

500킬로미터를 나는 탄도비행을 했을 뿐이었다. 즉 러시아의 우주선 보스토크는 지구의 인공위성이 되었지만, 미국 최초의 유인우주선인 자유 7호는 대포알처럼 하늘로 올라갔다가 바다로 떨어졌을 뿐, 인공위성이 되지 못했기 때문에 정상적인 우주비행이라고 할 수 없었다.

그리고 두 달 뒤인 1961년 7월 21일에 버질 그리섬 역시 자유종(Liberty Bell) 7호를 타고 15분 37초 동안 탄도비행을 했다.

진짜 우주비행

마침내 1962년 2월 20일에는 존 글렌이 탑승한 우정(Friendship) 7호가 지구를 3회전한 뒤 무사히 돌아왔다. 그제야 미국도 완전한 유인 우주비행을 했다고 말할 수 있는 성과를 냈다. 존 글렌은 미국이 원하던 완벽한 유인 우주비행을 성공적으로 완수하여 우주개발 경쟁에서 러시아에 한 발 다가서는 데 결정적인 기여를 했으므로 미국 국민들로부터 당시 최고의 환영을 받았다. 그는 미국 최초로 지구를 회전한 우주인이었던 것이다.

존 글렌이 유인 우주비행을 성공적으로 완수하자 자신감이 생긴 미국은 오로라 7호와 시그마 7호를 잇달아 우주로 쏘아 올려, 머큐리 계획을 성공리에 끝마쳤다. 한편 러시아는 우주에서 랑데부를 성공해 또 다시 미국을 비롯한 서방세계를 놀라게 했다.

존 글렌의 우주비행은 발사장 근처의 기후가 좋지 않아 1961년 12월부터 네 차례나 연기되었다. 비좁은 우주선에 올라타서 다섯 시간씩이나 발사를 기다리는 것은 여간 고통스러운 일이 아니었다. 발사가 연기되는 동안 성공을 비는 많은 편지들이 미국 전역에서 날아들어 답장을 제때에 못할 정도였다.

미국 최초의 우주인 존 글렌이 우정 7호 머큐리 우주선에 탑승하고 있다. (사진 NASA)

발사 전날 존 글렌은 오후 7시경 잠을 자고, 다음날 새벽 1시 30분에 일어났다. 글렌은 수염을 깎고 간단히 샤워를 한 뒤 아침식사를 했다. 오렌지 주스, 달걀, 구운 쇠고기, 토스트 등을 충분히 먹고 나자 의사들이 마지막으로 신체검사를 했다. 내장 기능 측정자를 몸에 붙이고 체중, 심장 상태, 혈압, 체온 등을 쟀다. 이어서 전문가의 도움을 받으며 우주복을 입었다. 아침 5시 존 글렌은 차를 타고 발사대를 향해 떠났다. 150여 명이 넘는 기술자들이 이른 아침에 나와 손을 들어 환송했다.

케이프커내버럴의 제14발사대에 도착한 시간은 오전 6시 1분 전이었다. 그는 바로 정비탑의 엘리베이터로 걸어갔다. 그리고 발사 요원들의 박수 소리를 들으며 11층까지 올라갔다. 발사 120분 전에 그는 캡슐 속으로 들어갔다. 존 글렌이 탈 우주선의 이름은 우정 7호였다. 일곱 명의 우주인을 뽑아서 그런지, 행운이 있으라고 해서 그런지 머큐리 계획에 사용된 우주선의 이름에는 모두 7자가 붙여졌다. 첫 우주선의 이름이 자유 7호, 두 번째가 자유종 7호, 그리고 이번이 우정 7호였다. 물론 우정 7호 이후에 발사한 오로라 7호(1962년 5월 24일 발사)와 시그마 7호(1962년 10월 3일 발사)에도 7을 붙였다.

우주인이 우주선에 탑승한 뒤에는 출입문을 70개의 볼트로 붙이게 되어 있는데, 이때 그중 하나가 부러져서 이를 교체하는 데 40분이나 더 걸려 존 글렌을 우울하게 만들었다.

발사 한 시간 전, 우주선의 여러 계기를 점검하는 동안 글렌의 귀에는 우주선 아래의 로켓에서 나는 여러 종류의 소리가 들려왔다. 액체산소가 캡슐 바로 아래에 있는 산화제 탱크로 흘러들어갈 때 파이프에서 나는 소리, 산화제 탱크가 액체산소로 냉각될 때 나는 소리 등이었다. 액체산소는 섭씨 영하 183도나 되기 때문에 산화제 탱크의 금속벽은 액체산소와 접촉하며 냉각되는 소리를 냈다. 발사 35분 전부터 주입되기 시작한 액체산소가 13분 정도 주입되었을 때 주입 밸브에 고장이 나서 또다른 작은 밸브를 이용해서 주입하느라 25분이 더 소모되었다.

카운트다운은 계속되었다. 발사 6분 30초 전 버뮤다 섬에 있는 추적기지의 컴퓨터가 고장나 2분간 또다시 카운트다운이 중단되었다. 발사 1분 30초 전, 글렌은 비행하는 데 신체적으로 이상이 없는지를 확인하기 위하여 몸을 움직여보았다. 발사 35초 전, 캡슐과 발사대 사이에 연결된 탯줄을 끊기 위한 카운트다운이 시작되었다. 이 탯줄을 통하여 외부에서 캡슐과 우주인에게 전력과 각종 유선 통신, 냉각 공기 등이 공급되고 있었다. 발사 18초 전, 자동엔진 시동기의 스위치가 올라갔고 엔진의 시동이 걸렸다. 카운트다운은 계속되었다. 9, 8, 7, 6, 5, 4, 3, 2, 1, 0!

거대한 아틀라스 로켓이 꿈틀거리기 시작했다. 로켓을 붙잡고 있는

1962년 2월 20일 아틀라스 우주로켓에 의해 우주로 발사되는 우정 7호. 위의 검은색 부분이 우정 7호 우주선(사진 NASA)

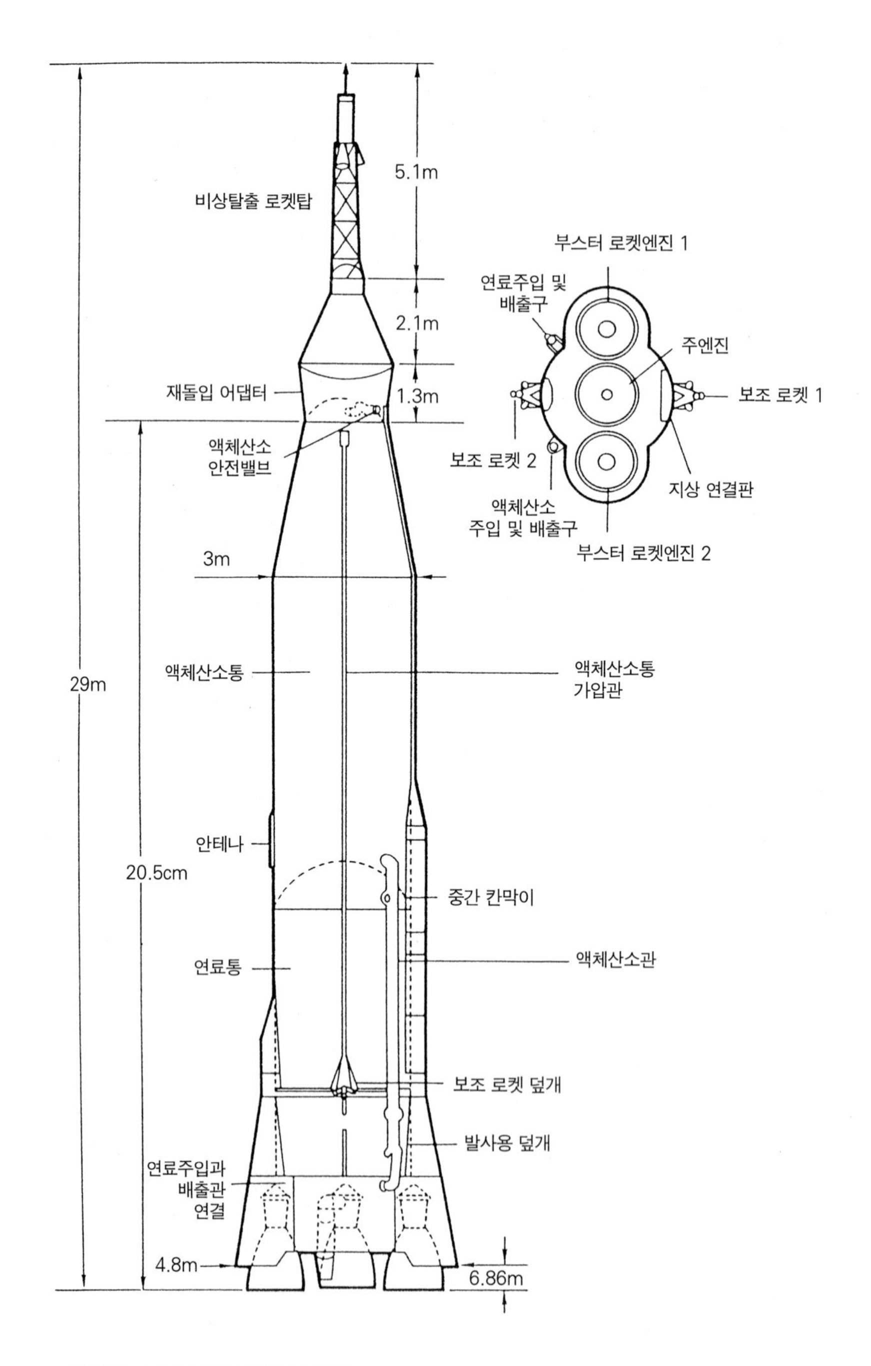

아틀라스 머큐리 로켓의 구조(그림 NASA)

큰 고리가 벗겨지며 아틀라스는 발사대를 서서히 떠나갔다. 1962년 2월 20일 오전 9시 47분 39초였다. 발사대를 떠난 아틀라스 로켓은 처음 2초 동안은 수직으로 상승했다. 그후 13초 동안 부스터에 장치된 자동 조종 장치에 의해 서서히 북동쪽을 향해 비행했다.

계속되는 위험

유인우주선을 발사할 때 가장 위험한 것은 우주비행사 사이에 '최고 G'라고 불리는 영역으로 캡슐과 로켓이 상승하며 최대의 공기 압력이 가해지는 것이다. 이는 고도 약 10킬로미터 지점에서 발생한다. 발사 후 45초쯤 지나 이 영역에 진입한 우주선은 심하게 진동했다. 전에 발사 시험에서도 이 영역 부근에서 폭발한 적이 있었기 때문에 많은 발사 관계자들은 긴장의 끈을 놓을 수 없었다.

발사 후 1분 16초, 지상 관제소에서 우주선이 이 영역을 통과했다고 발표했다. 이때 우주선이 받는 중력은 6G 정도였다(G는 중력가속도의 단위로서 6G에서 글렌이 느끼는 힘은 글렌과 같은 몸무게의 여섯 사람이 위에서 누르는 힘과 같다).

발사 후 2분 11초, 아틀라스 로켓에 달린 두 개의 부스터가 떨어져 나갔다. 발사 2분 34초 후, 캡슐 앞부분에 장치된 비상 탈출 로켓을 우주선에서 분리시켰다. 발사 5분 1초 후 아틀라스 로켓은 연소를 멈추었고, 우주선은 지구궤도에 성공적으로 진입했다. 동시에 아틀라스 로켓과 우주선은 분리되었다.

우주선이 160킬로미터 고도에서 초속 8.51킬로미터의 속도가 되었을 때 중력이 6G에서 0G로, 즉 무중력상태가 되었다. 지구를 회전하는 우주선은 무중력상태가 되는데, 이는 우주선이 공기가 없는 우주로

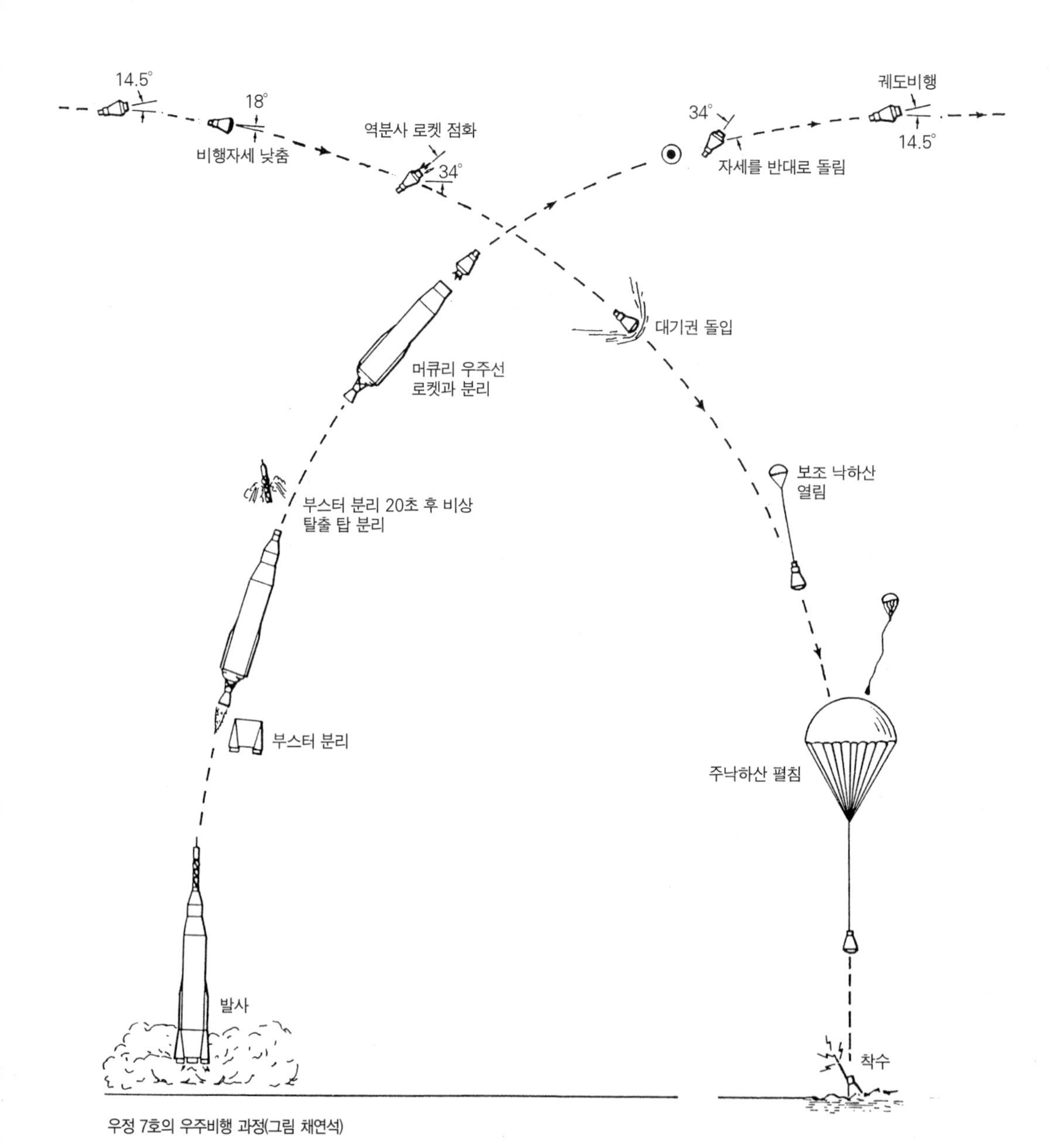

우정 7호의 우주비행 과정(그림 채연석)

존 글렌이 무중력상태에서 우주비행하는 모습(사진 NASA)

나갔기 때문이 아니다. 우주선이 지구궤도를 돌 때는 지구에서 우주선에 작용하는 중력과 우주선이 밖으로 나가려고 하는 원심력의 크기가 같아져 중력을 느낄 수 없는 것이지, 우주에 중력이 없어서 생기는 현상은 아니다.

존 글렌은 우주에서 처음으로 무중력상태를 맛보며 미국 최초의 우주비행을 시작했다. 비행 도중 존 글렌은 우주선에서 지구를 쳐다보며 말했다.

"아아, 참으로 멋있다."

긴장의 순간

존 글렌은 미국의 첫 우주비행을 하면서 우주선과 관련한 각종 실험을 수행했다. 글렌의 우주비행에서 가장 힘든 것은 지구로 돌아오는

무중력상태

우리는 아직 무중력상태를 정확히 느껴보지는 못했다. 그러나 비슷한 경험을 할 수는 있다. 엘리베이터를 타고 내려오기 시작하는 순간 느끼는 뚝 떨어지는 기분이 그것이다. 이때가 곧 무중력상태는 아니지만 평상시보다 실제로 느끼는 중력의 크기가 작아지는 상태다.

또 놀이공원의 청룡열차를 타고 높은 곳에서 낮은 곳으로 갑자기 떨어질 때도 무중력상태와 비슷한 느낌을 경험할 수 있다. 그러나 인공위성 속에서 느끼는 무중력상태와는 차이가 많다. 무중력상태에서는 기분이 대단히 좋다. 우주비행사들에게 이 이상 더 좋고 편한 때는 없다고 해도 과장이 아니다.

지구궤도를 돌고 있는 우주선에서 생기는 무중력상태는 지구에서 당기는 중력과 원운동에 의해 생기는 원심력이 같아져 생기는 현상이다. 즉, 우주선이 초속 8킬로미터로 지구를 돌고 있을 때 이런 무중력상태가 된다.

존 글렌은 사진을 찍다가 갑자기 다른 일을 하였다. 그래서 손을 카메라에서 떼고 딴 일을 했는데, 카메라는 그 자리에 그대로 있었다. 마치 책상 위에 놓아둔 책처럼 그대로였다. 무중력상태라 떨어지지 않았던 것이다.

그러나 물체가 떠 있는 것이 항상 좋은 것만은 아니다. 예를 들어 무중력상태에서는 과자처럼 부스러기가 많이 생기는 음식은 먹을 수 없다. 왜냐하면 음식을 먹을 때 생기는 많은 부스러기들이 우주선 안을 계속 떠돌아다니기 때문이다.

우주인도 우주선과 함께 초속 8킬로미터의 아주 빠른 속도로 날아가고 있지만, 그런 느낌이 들지는 않는다. 우주선의 속도를 시속으로 계산하면 2만 8800킬로미터가 되는데, 이것은 고속도로에서 시속 100킬로미터로 달리는 자동차보다 288배나 빠른 어마어마한 속도다. 그러나 우주에는 공기가 없기 때문에 자동차가 도로에서 달릴 때처럼 공기가 스치는 소리도 없을 뿐 아니라, 우주선 안은 무중력상태이기 때문에 우주인도 사실은 우주선 안에 떠 있는 채 달리는 셈이 된다.

일이었다. 우주선이 지구로 재돌입할 때 공기와 생기는 마찰로 열이 섭씨 5260도까지 올라가는데, 만일 우주선에 틈이 생겨서 5260도의 고열이 우주선 속으로 스며든다면 우주선 속의 우주인이 살아남을 가능성은 전혀 없기 때문이다. 그리고 지구로 재돌입할 때는 고열의 화염이 우주선을 둘러싸서 지상과의 연락도 두절되어, 통신이 연결되기까지 몇 분 동안은 지상의 발사 팀이나 우주선 속의 우주인 모두에게 가장 초조하고 긴장된 순간이기도 하다.

하여튼 존 글렌의 우주비행은 성공했다. 우주비행을 성공적으로 마친 글렌은 미국, 아니 자유세계의 영웅이 되었고, 세계 각국을 여행하며 열광적인 환영을 받았다. 존 글렌이 탑승했던 우정 7호는 24번째로 1962년 7월 30일 오후 4시 김포공항에 도착한 뒤 6시에 시민회관 앞 광장에 도착했다. 그리고 밤 9시부터 8월 1일까지 일반인에게 공개되었다. 우정 7호는 8월 2일 오전 8시 출발하여 미국으로 돌아갔다.

한편, 존 글렌은 우정 7호로 우주비행을 한 지 36년 만인 1998년 10월 31일 77세의 나이로 우주왕복선 디스커버리호를 타고 8일 동안 다시 비행하여, 모두 134바퀴를 도는 기록을 세웠다. 최고령으로 자원하여 우주비행을 한 글렌 위원은 우주비행을 하는 동안 피검사를 17차례, 소변검사를 48차례나 하는 등 미래의 우주비행을 위한 각종 실험 대상이 되었다.

1962년 5월 24일에, 우주비행에서 자신을 얻은 미국은 오로라(Aurora) 7호에 우주인 스콧 카펜터 소령을 태워 존 글렌과 마찬가지로 지구를 세 바퀴 선회시켰다.

5개월 뒤인 1962년 10월 3일 오전 8시 15분 우주선 시그마(Sigma) 7호가 발사되었다. 우주인은 월터 시라였다. 시라는 시그마 7호를 타고 9시간 14분 동안 지구를 6회전하면서, 글렌이나 카펜터보다 두 배나 더 오래 우주에 머물렀다.

우정 7호를 타고 미국 최초로 우주비행을 했던 존 글렌은 36년 후 77세의 나이로 우주비행을 다시 하여 최고령 우주비행 기록을 세웠다. 글렌이 1998년 10월 30일, 디스커버리 우주왕복선에서 우주비행(STS-95) 중 음료수를 마시고 있다.(사진 NASA)

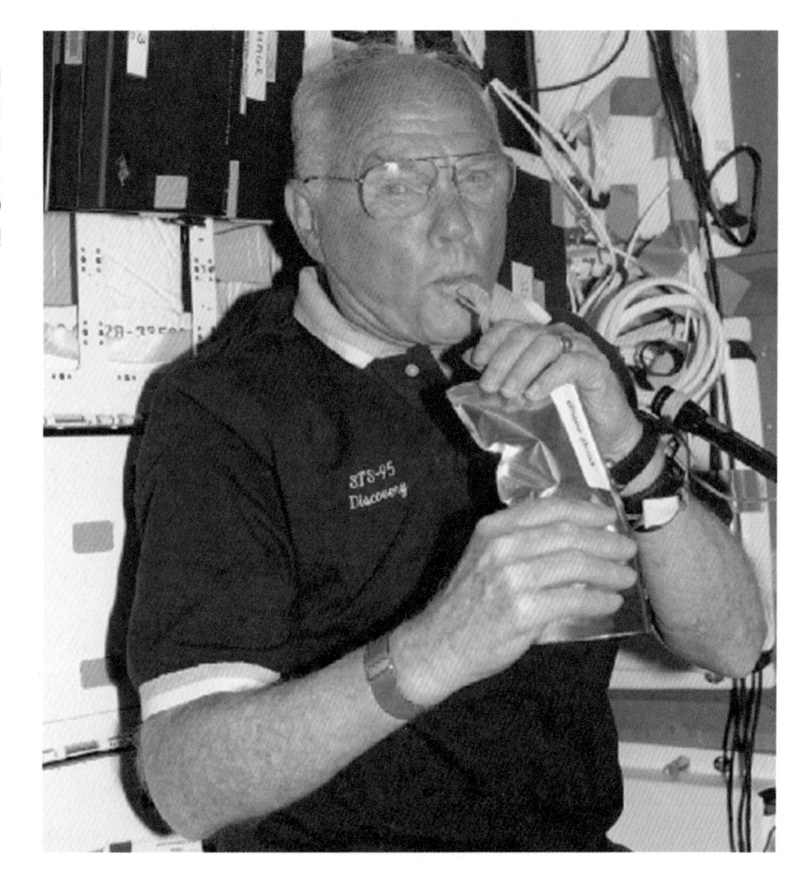

1963년 5월 15일 쿠퍼 소령이 탑승한 믿음(Faith) 7호는 발사된 지 34시간 20분 동안 지구를 22회전하여, 미국도 우주에서 하루 이상을 견디는 데 성공했다. 이렇게 해서 미국의 머큐리 계획은 대단원의 막을 내렸다.

미국이 한 발짝 뒤따라가면 러시아는 더 멀리 도망가는 두 강대국의 우주개발 경쟁은 갈수록 미국에게 힘들어 보였다.

제미니 계획

달 탐험의 전초 단계로 미국은 제미니(Gemini) 계획을 실행에 옮겼다. 이 계획으로 미국은 지구 상공에서 궤도를 변경하는 비행과 우주비행사의 선외 활동 실험에서 성공을 거두었다. 머큐리 계획이 한 명을 태운 우주비행이라면, 제미니 계획은 두 명의 우주비행사가 탑승한 비행이다.

이 계획은 ① 우주에서 장기간 비행, ② 궤도 변경 비행, ③ 우주에서 두 우주선끼리 접근(랑데부) 및 결합(도킹)하기, ④ 우주 산책 등의 실험을 위한 것으로 모두 열두 번의 비행 계획이 세워졌다.

제미니 우주선을 발사하는 데 사용할 로켓은 미국 공군에서 개발한 대륙간 탄도미사일(ICBM) 타이탄(Titan) 2호 로켓이었다. 타이탄 2호 로켓은 2단계 액체 추진제 로켓이다. 1단 로켓의 높이는 21.4미터, 지름은 3미터, 2단 로켓의 높이는 5.8미터, 지름은 1단 로켓과 같다. 5.8미터의 제미니 우주선을 합한 전체의 높이는 33미터다.

산화제는 1,2단 로켓 모두 사산화질소(N_2O_4)를 사용하고, 연료는 에어로진(Aerozine) 50을 사용한다. 에어로진 50은 비대칭 디메틸 하이드라진(UDMH)과 하이드라진(N_2H_4)을 1 대 1로 섞은 연료다.

에어로진 50과 사산화질소를 연료와 산화제로 사용하는 로켓엔진은 점화기가 필요 없다. 왜냐하면 에어로진 50과 사산화질소는 서로 접촉만 해도 연소되기 때문이다. 이러한 종류의 추진제를 '접촉 점화 추진제'라 부른다. 접촉 점화 추진제는 점화가 확실하고 저장이 편리하여 초기에는 미사일 추진제로 많이 쓰였지만 성능이 좀 떨어지고 유독한 게 흠이다.

독일의 V-2 미사일부터 추진제의 산화제는 액체산소를 썼다. 그런데 액체산소는 섭씨 영하 183도에서 액체 상태로 있을 수 있다. 대형

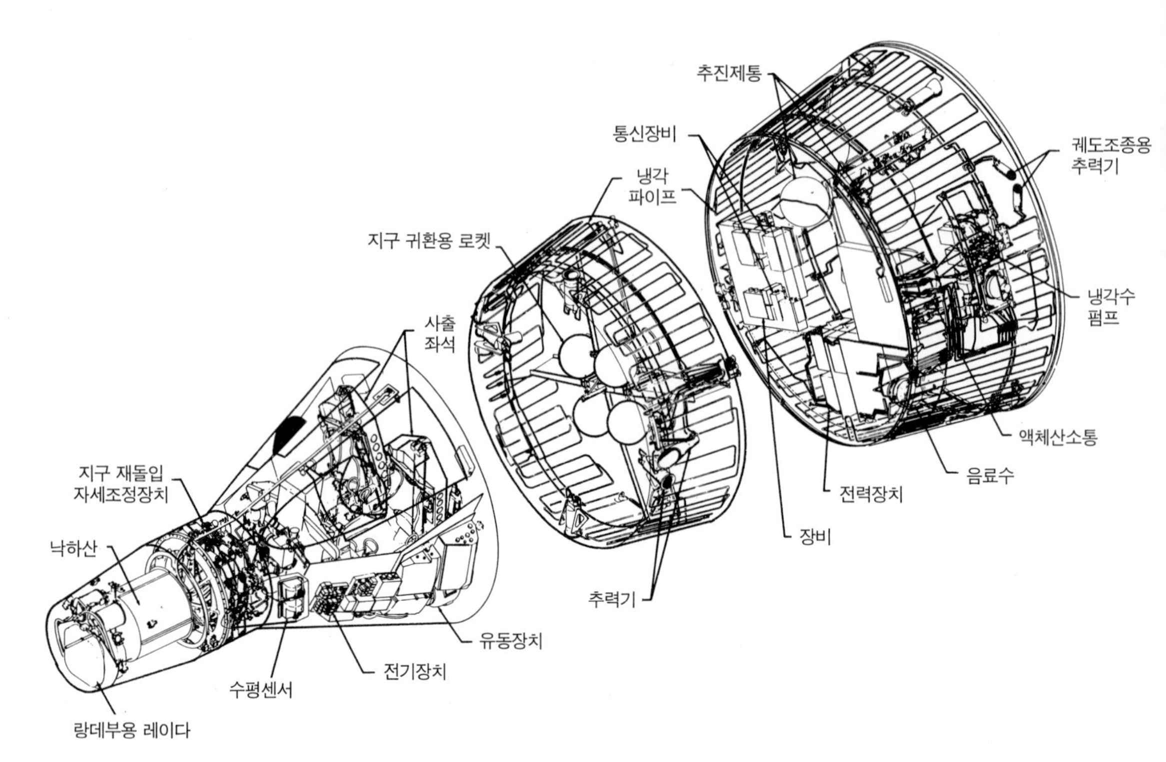

미국의 2인승 제미니 우주선 구조
(그림 NASA)

미사일은 언제든지 대통령이 명령만 내리면 발사할 수 있어야 한다. 액체산소는 기화력이 커서 실온에서는 늘 증기로 변한다. 로켓의 산화제 탱크에 채워져 있는 액체산소도 계속 증발하기 때문에, 기화하여 증발한 만큼 계속 채워야 한다. 혹은 액체산소만 따로 보관했다가 로켓이 발사되기 직전에 로켓에 다시 채워야 한다. 액체산소를 쓰는 로켓은 이런 불편을 늘 겪어야 했지만 접촉 점화 추진제는 실온에서 산화제를 보관하는 데 별 문제가 없어 미사일 추진제로는 제격이었다. 대륙간 탄도탄으로 개발된 타이탄 로켓의 추진제는 이렇게 해서 접촉 점화 추진제를 선택하게 되었다.

미국의 에어로제트(Aerojet) 사에서 제작한 타이탄 2호 로켓의 추력은 1단 로켓이 195톤이며, 2단 로켓은 45톤이다. 그리고 제미니 우주선을 포함한 로켓의 총 무게는 150톤이다.

제미니 우주선의 길이는 대략 5.8미터, 지름이 3미터, 무게는 3.2톤이다. 우주선은 크게 재돌입 모듈과 어댑터 모듈로 구성되어 있다. 어댑터 모듈에는 역추진 로켓과 방향조정 로켓, 연료전지, 산소, 질소통 등이 들어 있다. 그리고 재돌입 모듈에는 제미니 우주선이 다른 우주

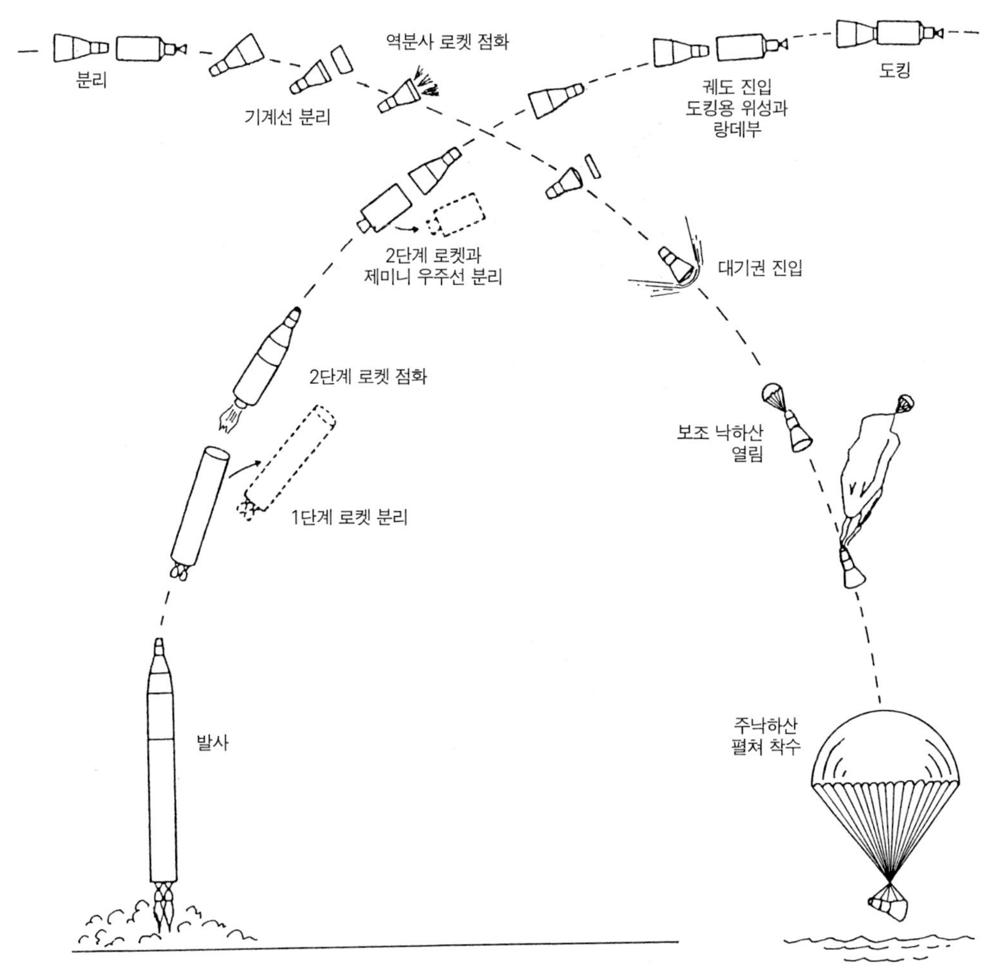

제미니 우주선의 비행 과정(그림 채연석)

제미니 4호의 발사 광경, 1965년 6월 3일(사진 NASA)

선과 우주에서 결합하기 위한 장치, 선실 내의 압력과 온도를 유지하는 생명 보존 시스템, 우주선과 우주비행사의 상태를 일일이 기록하고 수집하여 지구로 송신하는 장치들, 우주 공간에서의 랑데부와 도킹 그리고 지구 재돌입을 위한 유도 및 제어 장치가 컴퓨터와 함께 설치되어 있다.

제미니 1호와 2호는 1964년 4월 8일과 1965년 1월 19일에 각각 우주비행사를 태우지 않고 성공적으로 발사되었다. 1호 우주선은 로봇을 싣고 근지점 160킬로미터, 원지점 327킬로미터 궤도에 진입하여 87분 27초 만에 지구를 일주했으며, 4일 동안 궤도를 비행하다가 귀환했다. 2호 우주선은 지구 귀환 시 열 보호 장치의 안전도를 시험했다.

생명줄을 이용한 우주 산책

러시아의 보스호트 1호와 2호가 경이적인 일들을 완수하고 축하잔치를 벌이고 있을 때, 미국은 러시아와의 격차를 줄이기 위해 혼신의 노력을 다하고 있었다.

러시아의 보스호트 2호가 비행을 마치고 내려온 지 며칠 뒤인 1965년 3월 23일 아침 9시 45분, 버질 그리섬(Virgil Grissom) 소령과 존 영(John Young) 소령이 탑승한 제미니 3호가 케이프커내버럴의 제19발사대를 떠났다. 이들 우주인은 2시간 53분 동안 시속 2만 8880킬로미터의 속도로 지구를 3회전한 후, 예정된 장소에서 80킬로미터 떨어진 지점에 성공적으로 착수했다.

제미니 3호는 짧은 우주비행을 통하여 타원궤도 비행을 원궤도로 바꾸어 비행하는 일 등을 실험했다. 우주선의 비행 궤도는 일반적으로 타원궤도다. 그런데 달 탐험을 위해 지구궤도에서 다른 우주선이나 우

1965년 6월 3일 화이트 2세가 황금빛 생명줄을 달고 우주 산책을 하고 있다. (사진 NASA)

주정거장과 결합할 때는 원궤도 비행을 해야 한다. 때문에 타원궤도 비행을 하면서 로켓을 분사하여 원궤도로 바꾸는 것은 장차 우주비행에 꼭 필요한 기초 기술이었다.

1965년 6월 3일 오전 10시 16분 제임스 맥디비트(James McDivitt)와 에드워드 화이트 2세(Edward White II)가 탑승한 제미니 4호는 257만 킬로미터를 97시간 58분 30초 동안 비행했다.

비행 중 화이트 2세는 우주선과 연결된 7.5미터의 황금빛 생명줄을 달고 21분간 우주 산책에 성공했다. 이것은 러시아보다 77일 늦은 기록이지만 러시아보다 11분 더 연장함으로써, 우주 산책 부문에서 미국이 러시아를 처음으로 앞지르게 되었다.

화이트는 우주 산책 중 우주총으로 방향을 바꾸는 등 새로운 장비를 많이 이용했다. 이 장비는 선외활동(EVA) 장치인데, 실제로 우주선 밖으로 나와 사용하기 전에 54가지 부문에 걸친 점검을 했다. 우주선이 지구를 세 번째로 돌기 시작했을 때 화이트는 선외활동 장치를 갖고 강렬한 태양빛을 막아주는 금빛 안경을 쓰고 나서 우주선으로부터 산소를 공급해주고 대화를 가능케 해주는 생명줄을 연결했다.

발사 후 4시간 43분, 화이트는 우주선 문을 열고 머리를 밖으로 내밀었다. 그리고 우주총을 들고 하와이 동쪽 태평양 상공 위에서 우주선 밖으로 나왔다. 화이트가 우주총으로 우주선 위아래로 움직이는 바람에 우주선이 기우뚱했다. 휴스턴의 관제센터에서 화이트에게 우주선 안으로 들어가라고 하자 화이트는 이렇게 말했다.

"신납니다. 재미있습니다. 우주선에 들어가지 않으렵니다."

거듭된 지시에 그는 우주선으로 기어 들어가며 투덜거렸다.

"오늘은 내 생애에서 가장 슬픈 날이군요."

사상 최초의 우주 랑데부

미국은 달 탐험에 필요한 시간을 일주일 정도로 잡았다. 그리하여 우주비행사가 우주에서 최소한 일주일 정도는 머무르는 실험이 필요했다.

제미니 5호는 이러한 임무를 띠고 1965년 8월 21일 오전 9시에 케이프커내버럴에서 발사되었다. 고든 쿠퍼(Gordon Cooper) 중령과 찰스 콘래드(Charles Conrad) 소령이 탑승한 제미니 5호는 8월 29일 오전 7시 55분 대서양에 착수할 때까지 7일 22시간 55분간 우주비행을 했으며, 총 비행 거리는 534만 3000킬로미터였다. 우주비행 중 다른 물체와 랑데부를 할 예정이었으나 연료전지의 고장으로 이 계획은 취소되었다.

제미니 6호와 7호는 발사 순서가 바뀌었다. 제미니 7호가 1965년 12월 4일 오후 2시 30분에 발사되었고, 제미니 6호는 이보다 11일 뒤인 12월 15일 오전 8시 37분에 발사되었다. 6호와 7호의 발사 순서가 바뀐 것은 제미니 6호가 우주에서 도킹(두 우주선이 서로 결합하는 것)하려던 아제나-D 로켓의 발사에 실패했기 때문이다. 따라서 계획을 조금 앞당겨 제미니 7호를 먼저 발사한 것이다. 제미니 6호는 원래 10월 25일, 도킹용 표적인 아제나-D 로켓이 발사된 뒤 1시간 45분 후에 발사할 예정이었다.

프랭크 보먼(Frank Borman)과 제임스 러벨(James Lovell)이 탄 제미니 7호는 14일간 지구를 220회전하며 러시아를 훨씬 앞서는 우주비행 기록을 세웠다. 미국은 그동안 러시아에 뒤졌던 우주비행 기록들을 하나씩 따라잡기 시작한 것이다.

제미니 6호는 제미니 7호보다 11일 늦게 발사되어 발사된 지 6시간 후에 태평양의 필리핀 상공에서 제미니 7호와 2~3미터까지 접근, 편대비행을 하면서 사상 최초의 본격적인 우주 랑데부를 실현했다. 우주 랑데부의 성공으로 미국은 유인 달 탐험에 꼭 필요한 기술 중 하나를 극복했으며 동시에 우주 경쟁에서 러시아를 앞서나갈 수 있게 되었다. 우주 랑데부에 성공함으로써 미국의 달 착륙 계획 시간표는 다시 예정대로 진행될 수 있었다. 제미니 6호는 7호와 랑데부에 성공한 뒤 발사된 지 25시간 54분 만인 12월 16일 오전 10시 29분에 성공적으로 귀환하였다.

1966년 3월 16일 오전 11시 41분 닐 암스트롱(Neil Armstrong)과 데이비드 스콧(David Scott)이 탑승한 제미니 8호가 발사되었다. 그리

1966년 3월 16일, 암스트롱이 탄 제미니 8호가 아제나 위성과 도킹하기 위해 접근하고 있다. (사진 NASA)

고 이보다 1시간 41분 전에는 제미니 8호와 우주에서 도킹할 아제나 로켓이 발사되었다. 1965년 가을 제미니 6호가 시도하려다 실패한 계획이었다.

제미니 8호의 주 임무는 우주에서의 도킹이었다. 발사된 지 6시간 25분 뒤 제미니 8호와 아제나 로켓은 역사상 최초로 우주 도킹에 성공했다. 두 비행체가 우주에서 하나로 결합하여 20여 분간 같이 비행하다가, 제미니 8호의 방향 조정용 로켓에 문제가 생겨 28분 만에 제미니 8호는 급히 도킹을 풀고 발사 11시간 만에 오키나와 부근으로 긴급 귀환했다.

나중에 암스트롱은 아폴로 11호를 타고 인류 역사상 첫 번째로 달에 착륙하는 영광을 차지했는데, 암스트롱이 첫 달 탐험 우주비행사로 선발된 이유 중 하나는 바로 제미니 8호가 비행 도중 고장이 났을 때 이를 침착하게 극복하고 무사히 귀환한 점이 높은 평가를 받았기 때문이다. 우주에서의 도킹은 미국의 달 탐험과 우주개발, 즉 우주정거장 건설 등에 꼭 필요한 기술이다. 짧은 시간이지만 제미니 8호의 도킹 성공으로 미국은 달 탐험에 필요한 중요한 기술 중 또 하나를 해결한 것이다.

도킹의 문제점을 완전히 해결하다

제미니 9호의 발사 목적은 두 시간 이상의 우주 유영과 도킹이었다. 그러나 제미니 9호는 도킹을 위해 1시간 39분 전에 발사한 도킹용 소형 표적 위성의 발사 보호 덮개가 제대로 벗겨지지 않아 계획했던 도킹을 포기하고 랑데부만 세 차례 실시했다.

한편 토머스 스태퍼드(Thomas Stafford)와 함께 탑승한 유진 서넌

(Eugene Cernan)은 우주선 밖으로 나와 2시간 4분 동안 돌아다녀 인류 역사상 최장 시간의 우주 산책을 기록했고, 예정된 착수 지점에서 불과 3.2킬로미터 떨어진 곳에 아주 정확히 돌아오는 등 많은 새로운 우주비행 기록을 세웠다.

서넌이 우주 산책할 때 입었던 우주복은 열네 겹으로, 태양 광선이 직접 비치는 곳(영상 121도)과 그늘진 곳(영하 65도) 사이의 큰 온도차이 186도에 견딜 수 있도록 특수 설계된 것이다.

1966년 7월 18일 존 영과 마이클 콜린스(Michael Collins)를 태운 제미니 10호가 발사되었다. 제미니 10호의 최대 임무는 그동안 몇 번이나 실패한 다른 우주선과 도킹하는 것이었다. 제미니 10호는 우주에서 아제나 표적 위성과 도킹한 뒤, 아제나 표적 위성에 있는 로켓을 이용하여 비행 궤도를 300킬로미터에서 766킬로미터까지 올리기도 했다. 제미니 10호는 아제나 10호 표적 위성과 도킹한 채 39시간을 비행하는 기록을 세웠다.

뿐만 아니라 제미니 10호는 제미니 8호가 잠깐 동안 도킹한 적이 있는 아제나 8호 표적 위성과 랑데부하는 등, 그동안 도킹에서 발생하던 기술적인 문제점을 완전히 해결했다.

찰스 콘래드와 리처드 고든(Richard Gordon)이 탑승한 제미니 11호는 그동안 이룩한 각종 우주 실험을 종합 복습하는 비행을 수행했다. 이 우주선은 1966년 9월 12일 발사되어 1시간 34분 만에 지상 297킬로미터 지점에서 랑데부, 도킹하였다. 그리고 도킹한 채 아제나 표적 위성의 로켓을 이용, 달 탐험할 때 반드시 통과해야 하는 강력한 방사능 지역인 밴앨런대가 있는 지상 1380킬로미터까지 상승하여 인간으로서는 가장 높이 올라가는 기록을 세웠다. 그전까지의 최고 높이는 제미니 10호가 기록한 766킬로미터였다.

그리고 아제나 표적 위성과 제미니 10호 사이를 30.48미터의 나일 제미니 11호가 아제나 표적 위성과 도킹한 후 리처드 고든 우주비행사가 아제나 위성 쪽으로 가고 있다. (사진 NASA)

론 탯줄로 잡아맨 채 제미니 10호가 회전하여 지구 중력의 0.00015배에 해당하는 인공중력을 만들어보기도 하였다. 제미니 11호는 71시간 17분 동안 지구를 44회전한 뒤 정확한 시간에 예정된 장소로 귀환하였다.

미국이 조금씩 러시아를 앞지르다

1966년 11월 11일 발사된 제미니 12호에는 제임스 러벨과 에드윈 올드린(Edwin Aldrin)이 탑승했다. 두 우주비행사는 우주선을 타러 갈 때 등에 제미니 계획의 마지막 우주비행이라는 뜻의 'END' 라는 종

이를 달고 들어갔다. 미국은 1966년 안에 제미니 계획을 끝내고 1967년부터 다음 계획인 아폴로 계획을 수행하기로 했으므로 이번이 마지막 비행이었던 것이다.

역시 도킹과 우주 산책의 임무를 띠고 발사된 제미니 12호가 아제나 표적 위성과 도킹하는 동안, 올드린이 밖에 나가 두 시간 동안 우주 산책을 성공적으로 수행했다. 이로써 미국과 러시아의 우주개발 경쟁에서 미국이 러시아를 조금씩 앞지르기 시작했다.

미국과 러시아의 우주 경쟁에서 1965년과 1966년은 아주 중요한 해였는데, 이 기간 미국은 제미니 3호에서 제미니 12호까지 아홉 번의 유인 우주비행을 실시했으나, 러시아는 보스호트 2호만을 발사했을 뿐이다.

세계 세 번째 유인 우주비행

중국의 유인 우주비행

중국은 1965년부터 인공위성 발사 계획을 추진했다. 인공위성은 중국과학원에서, 우주로켓은 우주기술원에서 각각 개발을 담당했다. 중국은 러시아의 로켓 기술을 받아들여 독자 개발한 사정거리 1500킬로미터의 동풍-4 중거리 탄도미사일을 개조하여, 3단형 인공위성 발사로켓인 장정 1호를 개발했다.

길이 29.5미터, 무게 81.6톤인 장정 1호의 1단 로켓과 2단 로켓은 질산과 UDMH를 산화제와 연료로 사용하는 액체 추진제 로켓이며, 3단 로켓은 고체 추진제 로켓이다. 1단 로켓은 길이 17.8미터, 지름 2.25미터인데 한 개의 터보펌프 아래 네 개의 연소실을 갖춘 YF-2A 엔진을 사용하여 30톤의 추력을 만들고, 3단 로켓은 추력 3톤급의 고체 추진제 로켓이다.

장정 1호 로켓의 개발을 끝낸 중국은 고비사막 남쪽의 주취안(酒泉) 발사장에서 1970년 4월 24일 무게 173킬로그램의 동방홍 1호 인공위성을 근지점 436킬로미터, 원지점 256킬로미터의 타원궤도로 발

선저우 5호 유인우주선을 실은 장정 2F 우주로켓이 우주로 발사되고 있다. (사진 Xinhua)

사하는 데 성공했다.

중국은 지금까지 무게 2.2톤의 인공위성을 지구 정지궤도에 발사할 수 있는 길이 57.8미터, 무게 432톤의 장정 2E 로켓을 비롯, 장정 3호와 4호를 이용하여 30여 개 이상의 인공위성을 발사했다. 1990년 4월 7일에는 처음으로 외국의 인공위성 발사 서비스를 대행하여 우주 기술의 상업화를 시작했다.

선저우 5호의 비행 상상도(사진 Xinhua)

유인 우주비행 준비

중국은 2002년 12월 30일 1시 40분 유인우주선 발사를 위한 마지막 준비 단계인, 선저우 4호를 성공적으로 발사했다. '신의 배'라는 뜻의 선저우(神舟) 우주선은 간쑤성 주취안 발사 센터에서 발사되어 지구 궤도 진입에 성공했다.

중국은 지난 1996년부터 러시아와 공동으로 유인우주선의 공동개발과 우주비행사 훈련에 힘써왔다. 초기에는 러시아의 우주비행 훈련장인 모스크바 근처의 스타시티(Star City)에서 훈련을 시켰지만, 현재는 베이징 근처에 우주비행사 훈련 시설을 세우고 수십 명의 우주비행사를 훈련시키고 있다. 올해 여든한 살인 중국의 항공우주 과학자인 양지아시도 우주비행사가 되어 중국의 우주선을 타고 싶다는 희망을 나타내기도 했다. 최근의 여론조사에 따르면 베이징 시민의 60퍼센트가 우주여행을 희망하고 이 중 58퍼센트는 우주에서 일하거나 살기를

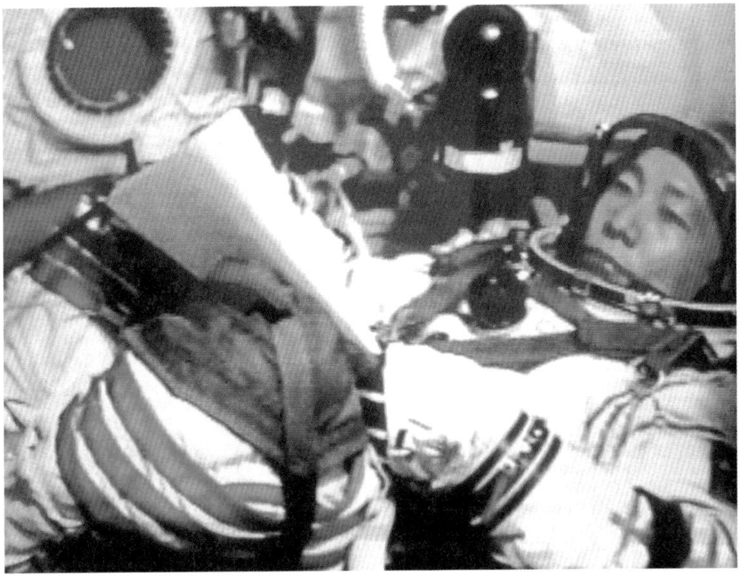

우주를 비행하고 있는 양리웨이의 모습(사진 Xinhua)

원하는 것으로 나타났다. 더욱 놀라운 것은 응답자의 55퍼센트가 설령 위험하더라도 우주비행사가 되기를 희망한다는 것이다. 이를 통해 중국인들의 우주개발 열망이 얼마나 대단한지 알 수 있다.

1999년 11월 19일 오전 6시 30분 장정 2F 우주로켓에 실려 우주로 발사된 중국 우주선 선저우 1호는 10분 후 로켓에서 분리되어 근지점 196킬로미터, 원지점 324킬로미터의 궤도에 진입했으며, 21시간 11분 동안 지구를 14회전하고, 20일 오전 3시 41분 무사히 내몽골 자치구에 착륙했다. 선저우 1호는 우주비행을 위하여 개발한 우주선이었다.

선저우 2호는 2001년 1월 10일 발사되어 지구를 108번 돈 후 1월 16일 착륙했다. 2호에는 원숭이, 토끼, 달팽이 등이 실려 있어 우주에서 우주선에 문제가 있는지 없는지를 대신 시험해주었다.

2002년 3월에는 선저우 3호를 성공적으로 발사했다. 유인 우주비행을 위한 자료를 얻기 위해 발사한 선저우 3호는 인체 모형과 함께 성공적인 비행을 했다. 이 비행 자료를 이용하여 문제점을 최종적으로 개선했다.

중국은 2002년 12월 30일 선저우 4호를 발사했다. 여기에는 실험용 인체 모형 두 개를 실었다. 우주선 내의 환경제어 시스템과 생명 유지 시스템에 대한 마지막 점검이 이루어졌다.

세계 세 번째 유인 우주비행

2003년 10월 15일 선저우 5호를 이용하여 미국과 러시아에 이어 세계에서 세 번째로 유인 우주비행에 성공한 중국은, 국제적인 위상이 한층 높아졌다. 선저우 5호에는 키 169센티미터에 서른여덟 살인 우주비행사 양리웨이(楊利偉)가 탑승했다. 양리웨이가 우주비행을 마칠 때까지의 과정을 살펴보면 다음과 같다.

● 선저우 5호의 발사에서 착륙까지

날짜	시각	내용
10월 12일	조립대에서 발사대로 장정 2F 우주로켓 이동하여 발사 준비.	
10월 15일	오전 5시 30분	양리웨이는 최종적인 우주비행 명령을 받음.
	오전 6시 5분	선저우 5호에 탑승.
	오전 9시	발사.
	오전 9시 10분	발사 후 587초 만에 근지점 200킬로미터, 원지점 350킬로미터 궤도각 42.4도의 타원궤도 진입에 성공.
	오전 9시 34분	지상통제소와 첫 교신.
	오전 11시	우주식으로 식사.
	오후 3시 54분	고도 343킬로미터의 원궤도 진입.
10월 16일	오전 5시 30분	귀환 명령.
	오전 5시 56분	고도 145킬로미터에서 추진 모듈 분리.
	오전 6시 4분	귀환캡슐 대기권 재돌입.
	오전 6시 23분	내몽골 자치구에 착륙.

우주비행을 마치고 무사히 착륙한 선저우 5호(사진 Xinhua)

중국의 유인우주선 선저우 5호

무게 7.6톤의 선저우 우주선은 러시아의 소유스 우주선을 닮았다. 그래서 러시아의 기술 기반 아래 개발된 우주선으로 보인다. 선저우 우주선은 소유스 우주선처럼 추진 모듈(propulsion modul), 귀환캡슐(re-entry capsule), 궤도 모듈(orbital modul)의 세 부분으로 이루어져 있다.

추진 모듈은 무게 3톤, 길이 3미터, 지름 2.8미터로 우주선이 비행하는 데 필요한 동력과 전기를 공급하며 네 개의 로켓엔진이 부착되어 있다. 귀환캡슐은 지름 2미터, 길이 2.5미터, 무게 3.1톤으로 세 명의 우주인이 탑승하여 발사와 지구로 귀환할 때 쓰인다. 궤도 모듈은 우주비행 중 각종 우주 실험과 우주정거장, 다른 우주선과 도킹할 때 사용하는 모듈이다. 선저우 우주선은 전체 길이 8.8미터이며, 최대 지름은 2.8.미터, 무게 7.8톤이다. 전력을 생산하는 태양전지판은 소유스 우주선과 달리 서비스 모듈 및 궤도 모듈에 설치되어 있다.

발사장인 주취안은 북위 40.6도, 동경 99.9도이며, 고비사막의 남쪽에 있다. 선저우 우주선의 궤도 경사각은 42.6도이다. 중국 최초의 인공위성도 1970년 4월 24일 이곳에서 발사되었다.

선저우5호의 뒤를 이어, 두 우주비행사 페이쥔룽과 녜하이성을 태운 선저우 6호가 2005년 10월 12일 오전 9시 정각에 간쑤성 주취안 위성 발사기지에서 성공적으로 이륙하였다. 선저우 6호는 115시간 32분 동안 지구를 77회 돌며 각종 우주과학 실험을 하고, 10월 17일 오전 4시 32분 네이멍구 쓰즈왕치 초원에 무사히 착륙함으로써 많은 유인 우주비행기술을 확보하였다. 선저우 5호가 세계 세 번째 유인 우주비행의 상징적인 의미를 가졌다면 선저우 6호는 진정한 의미의 유인 우주비행이라고 할 수 있다.

민간인의 우주비행

지금까지 민간인이 우주비행을 하는 것은 불가능했다. 그러나 최근 러시아에서는 민간인들이 원할 경우 신체검사를 받은 후 자비로 우주비행을 할 수 있도록 했다. 민간인의 우주비행은 1990년 12월 2일 일본의 방송기자 아키야마 도요히로가 소유스 TM 11호를 타고 러시아 우주정거장 미르에서 1주일 정도 머물고 귀환하면서 시작되었다.

한국 우주 특파원 1호

우리 나라에서의 우주비행 후보자 1호는 지난 1995년에 나왔다. KBS와 러시아의 가가린 우주센터는 KBS에서 선발한 우주특파원 한 명을 6개월 정도 훈련시킨 뒤 1997년 말이나 1998년 초쯤 미르 우주정거장으로 보내 약 한 달 정도 체류하면서 특집 우주방송을 한 뒤 돌아오게 할 계획을 세웠다. 그리고 1995년 9월에는 스타시티에 두 명의 후보를 보내 며칠간의 테스트를 통해 한 명의 최종 후보자를 선정하기로 계약을 체결했다.

최초의 민간인 우주여행자 데니스 티토

KBS는 11월 7일 10여 명의 후보 중 보도본부의 박찬욱 기자와 김철민 기자를 선발했다. 그리고 11월 15일부터 일주일 동안 러시아의 가가린 우주센터인 스타시티에서 이들의 체력을 점검한 뒤 최종적으로 박찬욱 기자를 우주특파원 제1후보로 선정했다. 그러나 이 우주특파원 계획은 우주비행을 위한 예산 확보 문제로 실제 우주비행으로 이어지지는 못했다.

민간인 1호 우주여행자 티토

2001년 4월 27일 미국의 갑부 데니스 티토(Dennis Tito, 당시 60세)가 러시아의 소유스 우주선을 타고 국제우주정거장으로 8일 동안 우주여행을 갔다 와서 화제가 되었다. 키 164센티미터, 체중 63킬로그램인 이탈리아계 미국인 티토는 2000년 6월 20일 스타시티에서 기자회견을 열고 우주여행에 드는 비용 2000만 달러(당시 한화 260억 원)를 마련했다고 밝혔다.

티토는 43년 전인 1957년 러시아가 첫 인공위성을 발사했을 때 우주비행사가 되기로 결심했다. 그리고 항공우주공학과로 진학했으며 졸업 후에는 미국항공우주국의 제트추진연구소(JPL)에 들어가 화성과 금성 탐사선 계획에 참가했다. 우주비행사가 되기 위해 여러 차례 상관에게 간청했지만 경쟁이 치열하여 뜻을 이루지 못하자 미국항공우주국을 나온 뒤 사업을 시작했다. 그는 윌셔 어소시에이츠라는 투자회사를 설립해 많은 돈을 벌었고, 어렸을 때부터 간직한 우주비행의 꿈을 이루려는 계획을 세웠다.

그는 러시아 우주선을 타고 우주비행을 하게 되자 "어릴 때부터 우주여행을 동경했는데 이제야 평생의 꿈을 이루는 기회가 왔다"고 기뻐했다. 티토는 스타시티 우주인 훈련센터에서 우주여행에 필요한 건강검진에서 적합 판정이 내려진 후 9개월 동안 우주비행 훈련을 받았다. 러시아 정부는 티토를 미르 우주정거장에 10일 정도 보내기로 결정했다. 그런데 2000년 12월 러시아 정부가 미르 우주정거장을 폐기하기로 결정하면서 티토의 우주여행도 물거품이 되는 듯했다. 그러나 러시아 정부는 약속을 지키기 위해 당시 한창 건설 중이던 국제우주정거장에 티토를 보내기로 결정했다.

국제우주정거장은 18개국이 협력하여 건설 중인 세계 최대의 우주구조물로서 민간인이 출입하기에는 위험한 곳이었다. 미국은 자국민인 티토가 러시아 우주선을 타고 국제우주정거장을 방문하는 것을 반대했다. 그러나 러시아는 미국의 반대에도 불구하고 티토와의 약속을 지키기 위해 위험한 우주여행을 강행했다. 결국 러시아 우주선 소유스 TM 32호는 4월 27일 발사되었고, 미국은 할 수 없이 티토가 우주정거장의 러시아 모듈에 들어오는 것을 허가했다.

티토는 415번째 우주인으로 발사 후 이틀 만에 건설 중인 국제우주정거장에 도착해 "우주가 더없이 사랑스럽다"고 말했다. 그는 6일간

두 번째 민간 우주인 셔틀워스가 국제우주정거장에서 실험을 하고 있다. (사진 www.Africaninspace.com)

우주에 떠 있는 국제우주정거장에 머물다 5월 6일 오전 5시 35분 정거장을 떠난 뒤 세 시간 만에 카자흐스탄의 초원 지대에 도착했다. 도착 직후 티토는 "우주는 천국이었으며 훌륭한 비행, 훌륭한 착륙이었다. 이번 여행은 내 생애에서 최고의 시간이었다"고 말했다.

이제는 민간인도 돈만 있으면 쉽게 우주비행을 할 수 있는 시대가 온 것이다.

민간인 2호 우주여행자 마크 셔틀워스

28세의 남아프리카공화국의 백만장자인 마크 셔틀워스(Mark Shuttleworth)는 2002년 4월 23일 꿈에 그리던 우주비행을 했다. 10일 동안의 우주비행 요금은 2000만 달러(260억 원)로 하루에 26억 원이 든 셈이다. 타보 음베키 남아공 대통령은 셔틀워스에게 "그는 남아공

뿐만 아니라 아프리카 대륙의 용기 있는 개척자"라고 칭찬했다.

셔틀워스는 "다섯 살 때부터 우주여행을 결심했으며 우주여행은 내 평생의 꿈"이라며 "남아공 젊은이들이 이번 여행을 보고 과학과 기술에 대한 관심과 이해의 폭을 넓힐 수 있기를 바란다"고 말했다. 우주비행 중에 BBC 기자와 한 인터뷰에서 그는 이렇게 말했다. "아프리카의 어린이와 학생들에게 꿈을 이룰 수 있다는 것을 보여주고 싶었습니다. 아프리카에는 놀라운 미래가 있습니다. 하지만 그 미래에 다가가려면 아프리카인 한 사람 한 사람이 저마다 영감에 넘치고 꿈을 갖도록 해야 합니다."

우주정거장에 도킹할 때는 "우주에서 보는 지구처럼 아름다운 것은 없습니다"라고 대통령에게 이야기했고, 우주정거장에서는 에이즈 치료법 개발을 위해 바이러스 단백질 구조를 규명하는 작업과 양과 쥐의 줄기세포가 무중력상태에서 보이는 반응에 관한 실험을 했다. 5월 5일 지구로 귀환한 셔틀워스는 남아공으로 돌아가 영웅이 되었고, 청소년을 위한 우주 강연에 많은 힘을 쏟고 있다.

민간인 3호 우주여행자 그레고리 올슨

60세의 미국인 그레고리 올슨(Gregory Olsen)은 2005년 10월 1일 소유스 TMA 7호로 발사되어 8일간 우주에 머문 뒤 10월 11일 무사히 귀환했다. 물리학자인 올슨은 "370km 떨어진 우주에서 지구를 쳐다보는 것이 얼마나 즐거운 일인지 깨달았다"고 말했다. 민간인 우주비행은 앞으로도 1년에 두 차례씩 계속될 계획이다.

신혼여행을 우주에서

러시아 항공우주국은 2003년 말 4000만 달러(약 420억 원)짜리 우주 신혼여행 상품을 내놓았다. 즉 민간인이 소유스 우주선을 타고 국제우주정거장에서 결혼식을 올리거나 신혼여행을 할 수 있는 10일짜리 우주여행 상품을 만들었다고 발표했다. 아직 후보가 나오지 않았지만 우주 신혼여행 후보는 7~8개월의 신체검사와 우주환경 적응 훈련을 받고 우주로 올라가게 된다. 우주정거장에서 신방을 차릴 수 있을지는 아직 밝혀지지 않았지만 쉽지 않을 전망이다. 러시아 우주청은 우주의 무중력상태에서 임신할 경우 태아에 이상이 생길 것을 우려해 기본적으로 성관계를 금하고 있다.

두 번째 여행 우주정거장

살류트와 미르

초호화판 우주 호텔

자유의 이름으로

살류트와 미르

러시아의 우주정거장

미국이 아폴로 계획을 성공적으로 수행하여 달 탐험에 앞장서자, 러시아는 지구궤도에 우주정거장을 건설하는 쪽으로 방향을 바꿨다. 지구궤도에 우주정거장을 설치하고, 이 우주정거장에서 달 또는 화성으로 탐사선을 보내 탐험을 시작하려는 계획이었다. 1970년 러시아는 세계 최초의 우주정거장인 살류트 1호를 발사해 우주에 우주정거장을 구축하고, 실험에 들어갔다. 제1세대와 제2세대를 거쳐 제3세대 우주정거장 미르를 구축하게 된다. 미르 우주정거장은 가장 대표적인 우주정거장이다. 오랜 기간 우주정거장으로서의 소임을 다했고 일반인을 우주정거장에 초대하면서 대중적으로 널리 알려진다.

제1세대 우주정거장

'축포' 라는 뜻의 살류트 우주정거장은 1969년부터 설계를 시작해

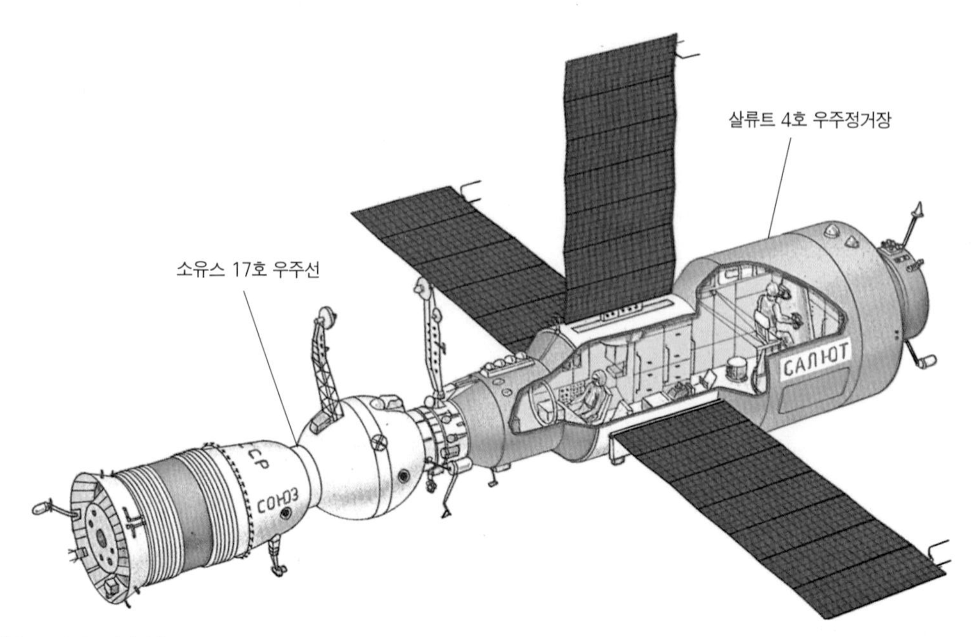

살류트 4호 우주정거장과 소유스 17호의 도킹 상상도(그림 러시아 우주청)

1970년 제작 완료했다. 각종 실험을 거친 후 살류트는 가가린이 세계 최초의 유인 우주비행을 한 지 10년이 되는 1971년 4월 12일에 발사될 예정이었다. 그러나 차질이 생겨 일주일 늦어진 4월 19일 새벽 3시 30분에야 프로톤(Proton) 로켓에 의해 200킬로미터의 지구궤도로 진입했다. 이후 다섯 차례에 걸쳐 살류트 5호까지 발사했다.

살류트 4호는 1974년 12월 26일 발사되어 212~251킬로미터의 지구궤도에 진입했다. 그 뒤 소유스 17호가 발사되어 살류트 4호와 도킹하고 29일 동안 각종 실험을 했으며, 소유즈 18 B호는 도킹하여 63일 동안 실험을 수행했다.

살류트 6호 안에서 기념 촬영한 우주인들(사진 러시아 우주청)

제2세대 우주정거장

러시아의 제1세대 우주정거장은 살류트 1호에서 5호까지다. 제1세대 우주정거장의 특징은 우주에서 6개월 정도밖에 견디지 못하는 초기 상태의 우주정거장이라는 점이다. 러시아는 그동안 축적된 우주정거장 설계 및 제작에 관련된 지식을 토대로 살류트 6호의 제작에 들어갔다.

살류트 6호

살류트 6호는 살류트 5호와 외부 형태는 비슷하지만 내부 구조는 약간 다르다. 전체 길이는 14.4미터로, 뒤쪽에 있는 큰 작업실은 길이가 2.7미터, 지름이 4.15미터, 작은 작업실은 길이가 3.5미터, 지름이 2.9미터다. 그리고 도킹한 우주선과 우주정거장 내 작업실 사이의 연결

통로는 길이가 3미터, 지름이 2미터다.

그동안의 제1세대 우주정거장과 가장 다른 점은 우주선과 도킹하는 부분이 달라졌다는 것이다. 작은 작업실에 있는 태양전지판은 최대 길이가 17미터다.

살류트 6호는 1977년 9월 29일 발사되어 지상 214~256킬로미터의 지구궤도에 성공적으로 진입했다. 며칠 뒤인 10월 9일에 발사된 소유스 25호는 살류트 6호 우주정거장과 몇 차례 도킹을 시도했으나 실패했다. 그러나 같은 해 12월 10일 발사된 소유스 26호는 살류트 뒷부분에 있는 도킹 장치에 성공적으로 연결되었다.

그리고 다음해인 1978년 1월 10일에는 소유스 27호가 살류트 6호 앞부분에 도킹하여 세계 최초로 두 우주선이 함께 살류트 6호와 결합하기도 했다.

14회에 걸친 도킹

1981년 5월 22일 소유스 40호가 살류트 6호와 도킹한 뒤 지상에 착륙하기까지, 3년 9개월 동안 살류트 6호는 본격적인 우주정거장으로서의 임무를 훌륭히 수행했다. 이 기간에 살류트 6호는 수많은 소유스 우주선과 도킹했다.

우선 소유스 26호부터 40호까지의 유인우주선이 14회에 걸쳐 각각 두 명씩 싣고 모두 28명의 과학자와 우주정거장을 조종할 우주비행사를 날랐다. 또 새로운 우주연락선인 소유스 T 우주선도 세 차례에 걸쳐 7명의 과학자와 우주비행사를 정거장으로 날랐다.

특히 소유스 28호는 체코, 30호는 폴란드, 31호는 동독, 33호는 불가리아, 36호는 헝가리, 37호는 베트남, 38호는 쿠바, 39호는 몽골, 40호는 루마니아 등 모두 9개국 우주비행사들을 함께 우주로 실어 날라 국제 공동 우주개발을 시도하기도 했다. 또 소유스 35호에 탑승한 리

무인우주선 프로그레스(사진 러시아 우주청)

우민(Ryumin)은 185일 동안 우주정거장에서 생활하는 기록을 세우기도 했다.

새로운 우주연락선인 소유스 T 3호는 소유스 11호 이후 처음으로 세 명의 우주비행사를 우주정거장으로 보내는 데 성공했다.

우주정거장이 우주에 계속 머물기 위해서는 우주정거장의 자세 조정용 추진제, 음료수, 우편물, 의약품, 산소 등을 지상에서 주기적으로 공급해야 한다. 이러한 임무를 맡은 보급선이 소유스 우주선을 개량한 무인우주선 '프로그레스(Progress)' 다.

프로그레스 화물선은 자동으로 우주정거장과 도킹할 수 있도록 과학적으로 설계되었으며, 크게 화물실, 추진제실, 엔진부 등으로 나뉘어 있다. 보통 이 우주선의 무게는 7톤 정도인데 2.3톤 정도의 화물을 실을 수 있다. 이 중 1.6톤은 정거장 공급용 추진제를 실을 수 있도록 되어 있다. 길이는 7.94미터이고 지름은 약 2.7미터 정도다.

프로그레스 화물선은 살류트 6호가 비행하던 3년 9개월 동안 모두

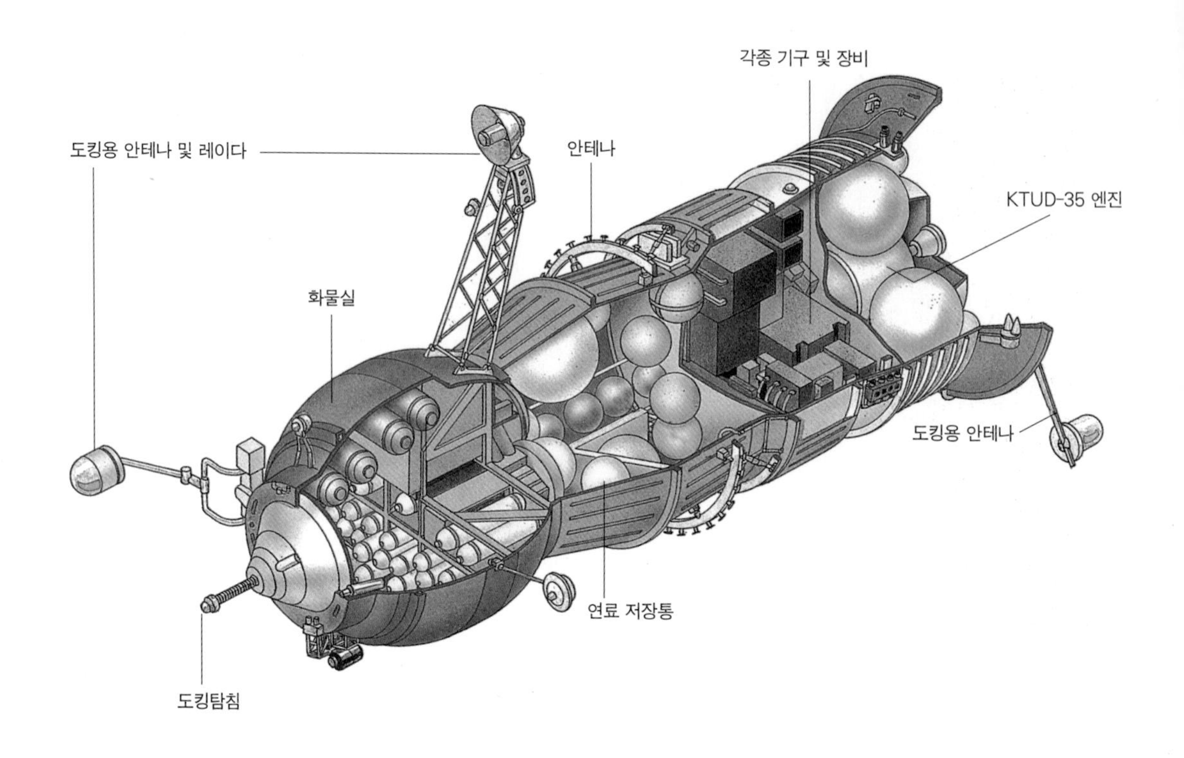

살류트 우주정거장에 각종 물자를 공급하는 우주 화물선 프로그레스(그림 러시아 우주청)

12회에 걸쳐 각종 필수품을 우주정거장에 공급했으니, 평균 110일마다 한 번씩 공급선이 발사된 셈이다. 각종 신기록을 수립한 살류트 6호는 그후 궤도를 벗어나 1982년 7월 28일 태평양에 추락했다.

살류트 7호의 활동

살류트 6호에서 자신을 얻은 러시아는 그동안 부족했던 점을 보완하기 시작했다. 앞부분의 도킹 장치를 좀더 튼튼하게 개량했고, 우주정거장의 승무원을 위해 50리터짜리 냉장고도 새로 설치했으며, 뜨거운 물도 24시간 나오도록 했다. 또 물탱크도 좀더 큰 것으로 바꾸었다.

태양전지판도 개량하여 전력을 전보다 10퍼센트 더 생산케 했다. 특히 우주복을 개선해 우주인이 우주선 밖에서 여섯 시간 반 동안 일할

살류트 7호와 도킹한 소유스 T 14호
(사진 러시아 우주청)

러시아 우주인이 살류트 7호 밖으로 나와 실험 장치를 수리하는 모습(사진 러시아 우주청)

수 있도록 했고 새로운 과학 실험장치도 추가로 설치했다. 이렇게 여러 가지를 개량한 무게 19.9톤짜리 살류트 7호는 1982년 4월 19일 성공적으로 발사되어 근지점 212킬로미터, 원지점 260킬로미터의 지구 궤도에 진입했고, 그후 3년 4개월가량 우주에서 활동했다.

살류트 7호에는 소유스 T 5호부터 T 14호까지 10회에 걸쳐 모두 24명의 과학자 및 우주비행사들이 방문했고, 그중에는 러시아에서 두 번째로 여성 우주인이 소유스 T 7호를 타고 올라가 살류트에서 다섯 달 동안 생활하기도 했다. 소유스 T 12호 때는 세계 최초로 여성 우주인이 우주정거장 밖으로 나가 작업을 수행했다. 이 살류트 7호에도 역시 프랑스, 인도 등의 외국 우주비행사가 방문했다.

살류트 7호의 한쪽에는 소유스 우주선이, 다른 한쪽에는 프로그레스라는 화물선이 붙어 있어 전체 길이는 약 30미터까지 늘어난다.

1984년 10월에 살류트 7호는 갑자기 고장을 일으켰다. 1985년 6월 6일 기술자 두 명이 소유스 T 13호 편으로 올라가 정거장에 들어가 보니, 열 조정장치가 고장나 우주정거장 내부가 얼어붙어 있었다. 두 기술자는 한 달 동안 우주정거장에 머물며 수리 및 정비를 계속했다. 이러한 기술은 앞으로 우주정거장을 장기간 사용하는 데 많은 도움을 줄 것이다.

살류트 7호에서 특기할 만한 일은, 1984년 7월 17일 소유스 T 12호로 발사된 과학자가 7월 25일 우주정거장 밖에서 금속 용접 시험에 성공한 점이다. 이것은 앞으로 우주 공간에 거대한 우주정거장을 건설하는 데 꼭 필요한 기술 중 하나였다. 살류트 7호는 임무를 마치고 1991년 2월 7일 지구에 추락했다.

제1세대 우주정거장과는 달리 살류트 6,7호 등 러시아의 제2세대 우주정거장은 궤도 및 자세 조종용 로켓 추진제를 프로그레스 우주 보급선을 통해 계속 공급받았으므로 3년 이상 우주에서 활동할 수 있었다.

제3세대 우주정거장 미르

러시아의 우주개발은 우주정거장과 아주 밀접한 관계가 있다. 러시아가 본격적으로 우주개발을 시작한 것은 유리 가가린이 첫 우주비행을 한 1961년 4월부터인데, 얼마 후에는 한 번에 세 명이 탑승하는 우주선을 발사하는 저력을 보여주었다. 그러나 1969년부터는 달 탐험을 포기하고, 두 우주선을 궤도에서 결합시켜 우주정거장을 만드는 방법을 계속 연구해왔다. 러시아는 지난 1971년부터 우주정거장에 관한 연구와 개발만 해온 셈이다.

초기의 미르 우주정거장. 미르 본체 앞부분에 다른 모듈이 도킹할 포트가 다섯 개 설치되어 있다. (사진 러시아 우주청)

새 우주정거장 미르

러시아가 도중에 포기한 유인 달 탐험도, 원래는 지구궤도에 여러 대의 우주선을 발사한 후 이를 결합시켜 달로 발사하여 달 탐험을 마치고 지구로 돌아올 수 있도록 계획을 세웠었다.

러시아의 우주개발에서 가장 근본이 되는 것은 우주정거장이었다. 즉 우주정거장을 먼저 건설하는 나라가 우주를 지배할 수 있다고 믿은 것이다. 마치 세계 각 곳에 식민지를 많이 건설한 나라가 세계를 지배한다고 믿었듯이 말이다.

러시아는 살류트 우주정거장 계획을 진행하면서 우주정거장 개발에 자신이 생겼다. 이전에 발사한 살류트 6,7호도 성공적이었지만 부족한 점이 있었고, 개량해보고 싶은 곳도 있었다.

미르 우주정거장은 1986년 2월 20일 무게 20.4톤짜리 본체 모듈을 발사함으로써 건설이 시작되었다. 그리고 1987년 3월에는 무게 11톤의 크반트 1호 모듈을, 1989년 12월에는 무게 19.6톤의 크반트 2호 모듈을 발사했다. 그리고 1990년 6월 크리스털, 스펙트라 그리고 마지막으로 1996년 4월 프리로다 등 여섯 개의 모듈을 결합하여 건설을 시작한 지 10년 만에 총 무게 137톤의 거대한 우주정거장을 우주에 건설했다. 길이는 약 45미터, 폭은 30미터 정도에 91.5분에 한 번씩 돌며 비행궤도는 적도와 51.6도의 경사를 이루도록 만들어져 있다. 우주인이 교대할 때는 소유스 TM 우주선을 이용하고, 주기적으로 물자공급선인 프로그레스 화물선을 이용한다.

미르 우주정거장의 각 모듈은 직경이 3.5미터, 길이 10미터 내외의 원통형으로 무게 20톤 이내의 크기로 만들어져 프로톤 로켓으로 발사한다. 지상 350킬로미터의 우주에서 도킹하여 조립하는 방식으로 건설한다.

넓어진 내부

미르 우주정거장의 본체는 길이 13.13미터, 최대 지름 4.15미터, 무게 20톤이며, 우주에서 10년 정도 활용할 수 있도록 설계되어 있다. 본체는 크게 세 부분으로 나뉘는데, 제일 앞부분에 다섯 개의 도킹 포트(docking port)가 있고 그 뒤로 작은 작업실과 생활공간이 있으며, 뒷부분에는 자세 조정용 추진기관과 또 다른 한 개의 도킹 포트가 있는 추진 기관부가 있다.

미르 우주정거장 본체에는 모두 여섯 개의 도킹 포트가 있어 모두 여섯 가지의 우주선이나 구조물과 결합할 수 있도록 설계되어 있다. 미르의 본체 크기는 살류트 7호와 비슷하지만 생활공간은 무척 넓어

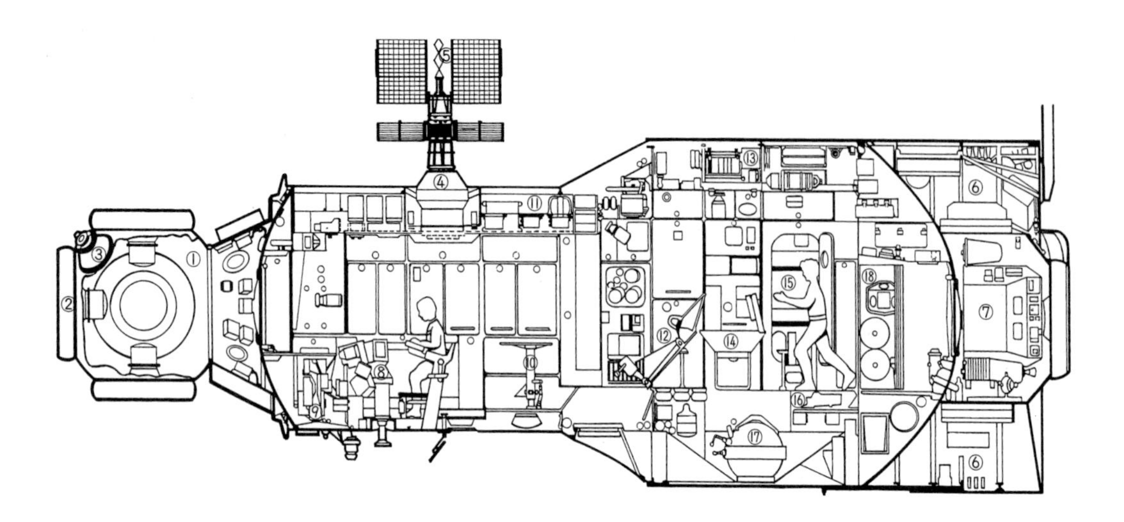

미르 우주정거장 본체의 내부 구조 (그림 러시아 우주청)
① 이동통로 ② 도킹장치 ③ 조절장치 ④ 태양전지 구동장치 ⑤ 태양전지 ⑥ 조립장치 ⑦ 이동통로 ⑧ 중앙조종간 ⑨ 자이로 나침판 ⑩ 질량 측정계 ⑪ 조종장치 ⑫ 운동기구 ⑬ 측정장비 ⑭ 식탁(책상) ⑮ 개인공간 ⑯ 달리기 운동기구 ⑰ 고압공기통 ⑱ 화장실

졌다. 살류트 7호에 있던 천체망원경을 없애고 그 자리를 생활공간으로 만들었기 때문이다.

두 명의 승무원을 위한 취사실과 접는 식탁은 살류트와 비슷하다. 그러나 두 승무원이 따로따로 잠을 자거나 지낼 수 있는 독자적인 칸막이 방이 있다. 이 방에는 접는 의자, 거울, 침낭, 작은 창 등이 있다.

생활공간과 작업실이 뚜렷하게 구분되는 것은 아니지만, 지름이 작은 쪽에 우주정거장 전체를 조정할 수 있는 중앙 조정대가 있다. 중앙에 운동용 자전거와 식탁 및 작업용 책상으로 사용할 수 있는 4인용 책상과 의자 세 개가 있으며, 그 뒤에 조깅용 운동기구가 설치되어 있다. 이들 좌우에는 개인용 침실이 마련되어 있어 두 사람이 생활하기에는 그다지 좁지 않은 공간이다.

과학실험용 모듈 크반트 1호

미르 본체의 추진기관부 뒤쪽에는 크반트 1호 모듈이 부착되어 있다. 크반트 1호 모듈은 길이 5.8미터, 지름 4.15미터의 크기며, 앞부분

우주정거장 승무원의 하루

우주정거장 승무원은 각각의 임무에 따라 다르지만 일반적으로 아침 9시에 일어나서 화장실에 다녀온 후 11시까지 아침을 먹고 각종 실험 및 운동을 한다.

점심식사는 보통 오후 3시부터 4시 사이에 한다. 그다음엔 각종 실험을 하고 저녁식사는 오후 9시부터 10시 사이에 한다.

식사 후엔 다음날 할 일을 준비하고 밤 12시부터 다음날 아침 9시까지 잠을 잔다.

에는 미르 우주정거장 본체와 결합할 수 있는 도킹 포트가 있다. 뒷부분은 각종 우주과학 실험기구와 망원경이 장치된 실험실로 구성되어 있다.

크반트 1호에는 '자이로딘스(Gyrodins)' 라는 새로운 자이로스코프가 있어 우주정거장의 자세를 조정하는 데 이용되는데, 전원은 태양전지에서 얻는 전력을 사용한다.

그리고 크반트 1호에는 러시아에서 만든 풀사르(Pulsar)-1 엑스선 광각망원경, 유럽우주국(ESA)에서 제작한 시렌(Sirene)-2 분광기, 그리고 서독제 포스비히(Phoswich) 엑스선 망원경 등이 실려 있어 우주과학 연구를 본격적으로 할 수 있다.

크반트 1호 모듈의 무게는 11톤인데 1.5톤의 각종 실험기구와 2.5톤의 화물을 싣고 1987년 3월 31일에 발사되었다.

크반트 1호 뒷부분에는 9.6톤짜리 서비스 모듈이 붙어 있어 크반트 1호가 미르 본체와 우주에서 도킹할 수 있도록 도와주고, 도킹에 성공한 뒤에는 크반트 1호와 분리되도록 했다.

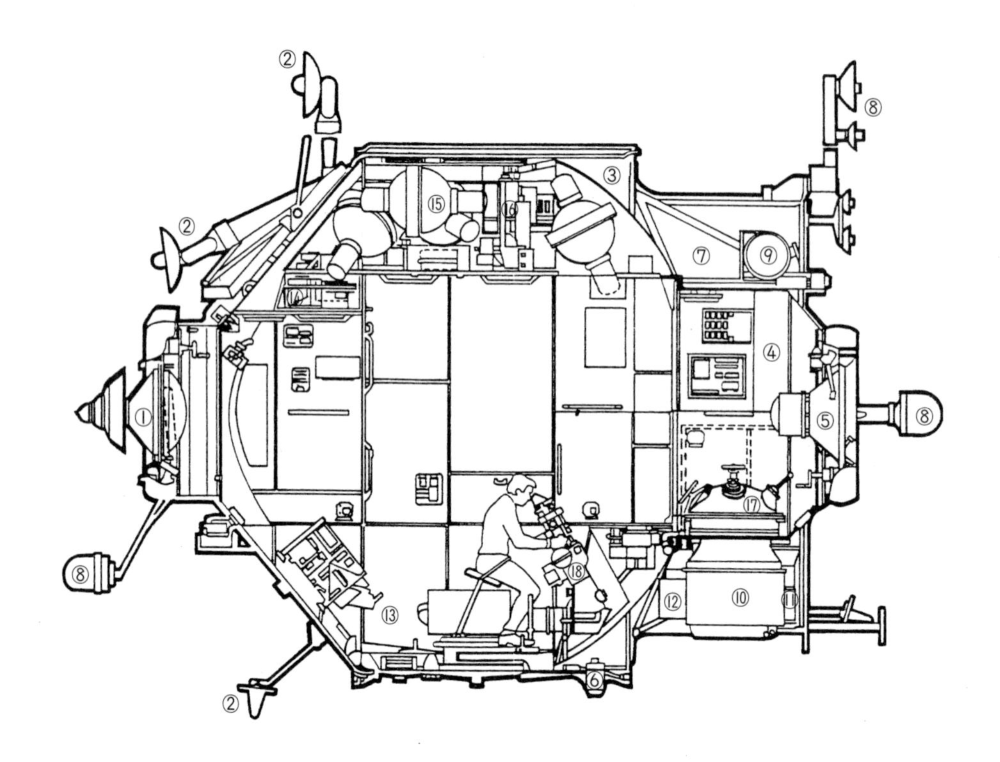

크반트 1호의 내부 구조(그림 러시아 우주청)

① 능동도킹장치 ② 접근장치 ③ 실험장치 부착대 ④ 이동통로 ⑤ 수동도킹장치 ⑥ 광학장치 ⑦ 과학실험장치 ⑧ 접근장치 ⑨ 전자빔자기계 ⑩ 초자외선 망원경 ⑪, ⑫ 송신기 ⑬ 조종간 ⑭, ⑮ 연료전지 안정기 ⑯, ⑰ 고압 공기통

화물 보급선, 프로그레스

프로그레스는 크반트 1호와 도킹하는데, 이 우주선은 소유스 우주선을 개조하여 만든 무인 화물선이다. 프로그레스 화물선은 우주정거장 미르에서 필요한 우주인의 음식, 물 등 각종 보급품과 정거장 운영에 필요한 추진제(자세 및 궤도 조정용 로켓의 연료)를 정기적으로 공급한다. 길이는 7.94미터, 지름은 2.7미터, 무게는 7톤인데, 한 번에 3톤의 화물을 정거장으로 운반할 수 있다. 이 화물 중 약 1톤은 정거장에 공급할 추진제의 무게다.

예를 들어 1987년 4월 21일 발사되었다가 5월 12일 귀환한 프로그레스 29호가 우주정거장으로 싣고 간 물건들을 살펴보자. 우주인용 음식 250킬로그램, 촬영용 필름 140킬로그램, 편지, 신문, 물 170킬로그

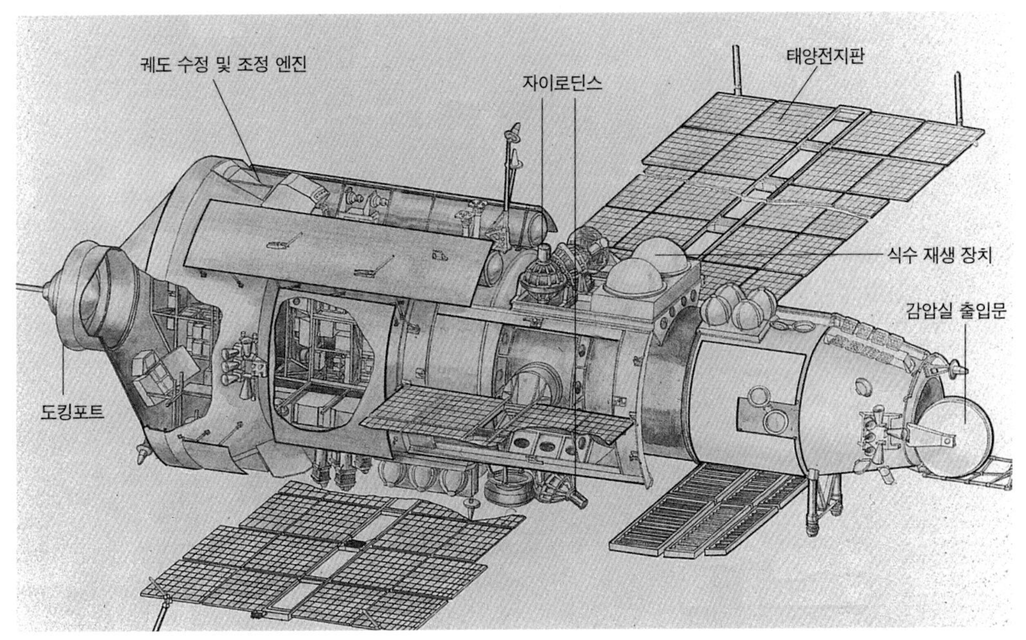

실험 모듈 크반트 2호(그림 러시아 우주청). 1989년 1월 26일 발사하여 미르 우주정거장에 결합한 실험 모듈로서 장기적 무중력 실험을 실시하고, 우주인의 배설물을 식수로 재생하는 장치 등이 설치되어 있다.

램, 과학 실험기자재 138킬로그램, 교환용 부품 275킬로그램, 개인 위생용품 등 모두 1.2톤의 화물과 로켓 추진제 750킬로그램 등을 운반했다.

이외에 크반트 2호와 크리스털호가 미르 우주정거장의 본체 도킹포트 상하에 수직으로 각각 부착되어 있다.

크반트 2호는 길이 13.73미터, 최대 지름 4.35미터, 무게 18.5톤이며, 우주비행사가 우주정거장 밖으로 나갈 수 있는 큰 출입문이 설치되어 있다.

수정 제조 모듈 크리스털호

크리스털호는 크반트 2호 반대편에 부착되어 있는데, 규모는 크반트 2호와 비슷한 길이 13.7미터, 최대 지름 4.25미터, 무게 19.64톤이다. 크리스털호는 이름과 같이 크리스털, 즉 수정을 만드는 곳인데, 여

미르 우주정거장에 우주인을 수송하는 소유스 우주선의 발사부터 착륙까지(그림 러시아 우주청)
① 발사 ② 2분 후 4개의 부스터 분리 ③ 발사 2~7분 후 긴급탈출로켓과 우주선 보호덮개 분리 ④ 9분 후 2단 로켓분리 ⑤ 미르 우주정거장과 통신 ⑥ 400킬로미터까지 상승 후 미르 우주정거장과 도킹 ⑦ 미르에서 분리 ⑧ 지구궤도선, 귀한선, 기계선 분리 ⑨ 지구 대기권 진입 ⑩ 착륙 15분 전 주낙하산 펼침 ⑪ 착륙

기서 생산된 수정은 아주 비싸다고 한다. 우주정거장 안은 무중력상태이고 정거장 밖은 진공상태이므로, 질이 좋은 고순도 수정을 지구에서보다 빨리 성장시킬 수 있으며, 한 개의 가격은 약 7억 원 정도라고 한다.

정거장에 필요한 전력은 태양전지판에서 공급하는데, 네 개의 태양전지판을 붙일 수 있는 미르 본체에만 세 개가 부착되어 있다. 한 개의 길이는 29.7미터며, 전기 생산량도 9킬로와트다. 그 외에 크반트 2호의 몸통에 두 개, 크리스털호 몸통에 두 개가 부착되어 있어 전력 생산량은 풍부한 편이다.

미르 우주정거장의 운영은 과학적인 시스템을 갖추고 있었다. 즉 승

미르 승무원에게 에너지를 공급해주는 우주 식탁(사진 러시아 우주청). 2008년경 국제우주정거장으로 발사될 한국인 우주인도 이러한 우주 식탁을 대접받을 것이다. 한국인의 입맛에 맞는 고추장이나 김치 등 우주식을 준비할 수도 있을 것이다.

무원은 소유스 TM이라는 3인승 우주선으로 운반하고, 각종 화물은 필요할 때마다 프로그레스 무인 화물선으로 공급하면서 경제적으로 운용했다.

한때는 막대한 유지비를 벌기 위해 외국인에게 돈을 받고 우주정거장을 이용할 수 있도록 개방했다. 이에 따라 1990년 12월 2일 일본의 텔레비전 방송국 기자인 아키야마 도요히로가 소유스 TM 11호를 타고 미르 우주정거장에 탑승하여 일주일 동안 머물기도 했다. 소유스 TM 우주선을 타고 발사되어 우주정거장 미르에서 일주일 정도 머물다 다시 소유스 TM을 타고 지구로 귀환하는 데 약 200억 원 정도의 비용을 지불했다고 한다.

크반트 1호, 크반트 2호, 크리스털 모듈, 소유스 TM 16호, 프로그레스 M 17호가 연결된 우주정거장 미르와 프로그레스 M 18호. 1993년 7월 3일 소유스 TM 17호에서 촬영(사진 러시아 우주청)

평상시 미르에 상주하는 우주인 수는 두세 명이고, 우주인들이 교대할 때는 4~6명으로 늘어나기도 한다.

남태평양에서 최후를 맞이한 미르 우주정거장

2001년 1월 6일 아침 10시경 미르 우주정거장은 최저 고도를 295.8킬로미터로 낮췄다. 380~410킬로미터인 정상 궤도보다 85킬로미터나 낮춘 것이다. 하루에 500미터씩 고도가 낮아졌는데, 지구에 가까울

남태평양에서 최후를 맞이한 미르 우주정거장(사진 NASA)

수록 공기와의 마찰 때문에 낙하속도는 더욱더 빨라졌다.

러시아 총리는 1월 5일 우주정거장 미르의 활동을 중단하는 정부령에 서명했다. 그리하여 당국과 관련업체는 미르의 궤도를 안전하게 수정하고 태평양에 폐기하기 위한 준비작업에 본격 착수했으며, 이를 위해 정부 부처 간 위원회가 구성되었다. 러시아 항공우주국은 1월 16일 무인 우주 화물선 프로그레스호를 발사해서 미르 우주정거장에 궤도 수정 및 폐기에 필요한 연료를 마지막으로 공급했다. 그리고 3월 23일 오전 9시 30분과 오전 11시 두 차례에 걸쳐 프로그레스 M1-5 화물선에 부착된 역추진 로켓을 점화하여 속도를 줄였다. 마지막으로 오후 2시 7분, 이집트 상공 159킬로미터에서 역추진 로켓을 점화하여 대기권에 돌입시켰다. 오후 2시 28분부터 2분간 북한 상공으로 들어와 강원도 철원을 통과해 일본을 거쳐 2시 57분, 피지 남동부(서경 160도, 남

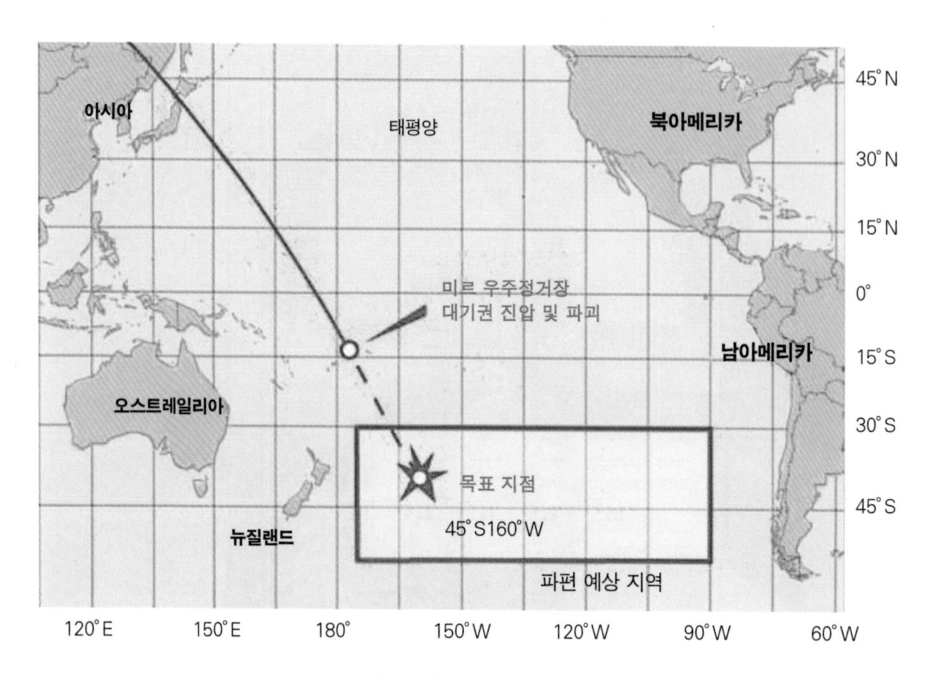

미르가 떨어진 남태평양 지역(그림 러시아 우주청)

위 40도)의 폭 200킬로미터, 길이 5000~6000킬로미터의 남태평양 바다에 성공적으로 미르호 파편들을 떨어뜨렸다.

러시아 우주개발의 상징이던 미르 우주정거장의 폐기 문제가 나오기 시작한 것은 예상 수명 10년을 넘긴 1997년부터다. 1997년은 미르 우주정거장에 최악의 해였다. 1997년 2월에는 산소 재생기가 폭발했고, 6월에는 화물선 프로그레스호가 도킹 시험 중 정거장 모듈과 충돌했다. 그래서 정거장 내 압력이 줄어드는 사고가 발생했다. 7월에는 탑승한 우주인이 전원 플러그를 일찍 차단하여 표류하기도 했으며, 8월에는 화물선과 도킹 중 주 컴퓨터가 고장나서 표류하기도 했다.

1999년 러시아 정부는 미르를 2000년 상반기에 수장시킬 계획을 세웠으나, 수리해서 좀더 사용하자는 의견에 밀려 잠시 보류했다. 그러다가 2000년 12월 말 20시간 가까이 지상과 통신이 두절되는 비상사태가 발생하자 최종적으로 수장을 결정했다. 미르가 무척 큰 우주구조물이긴 해도 시간이 좀더 지나 치명적인 고장이 나서 지상과 통신이 안 된다면 계획했던 지점에 무사히 추락시킬 수 있을지 아무도 장담할 수 없는 일이었기 때문이다.

우주정거장을 목표 지점에 추락시키는 것은 매우 어려운 기술이고, 잘못될 경우 큰 재난을 불러올 수 있다. 그러나 러시아는 그동안 우주정거장에 화물을 수송했던 프로그레스 무인 수송선을 수십 차례 이상 태평양에 수장시킨 경험과 기술을 잘 활용하여 미르 우주정거장을 정확히 목표 지점에 추락시켰다. 러시아의 뛰어난 우주기술을 보여주는 순간이었다.

미르 우주정거장은 1986년 건설된 이후 12개국에서 104명의 우주인의 방문을 받았으며, 활동 기간에 지구를 8만 6331회나 돌았다.

초호화판 우주 호텔

미국의 우주실험실 스카이랩

아폴로 계획이 끝날 즈음 스카이랩(Skylab), 우주실험실 계획이 준비되었다. 스카이랩 계획은 본격적인 우주정거장의 시작이기도 했다. 이 계획은 미국항공우주국에서 아폴로 계획에 사용한 새턴 5 달로켓의 제3단 로켓에 있는 추진제 통을 개조해 각종 우주 실험을 할 수 있도록 우주실험실을 만들어 지구궤도에 올려놓으려 한 것이다.

원래 새턴 5 달로켓의 제3단계 로켓은 아폴로 우주선을 지구궤도에서 달궤도로 보내는 데 사용한 로켓인데, 스카이랩은 지구궤도 위에 떠 있는 것이기 때문에 달로 가는 데 사용하는 제3단 로켓은 필요 없었다.

스카이랩의 총 무게는 74.7톤, 길이는 17.5미터, 지름 6.7미터였다. 새턴 5 달로켓의 3단계 로켓 내부는 두 개의 커다란 추진제 통으로 이루어져 있다.

상부에 있는 커다란 방은 연료인 액체수소를 담아두던 방이고, 하부의 조그만 방은 산화제인 액체산소를 담던 통이다. 그러나 개조 후에

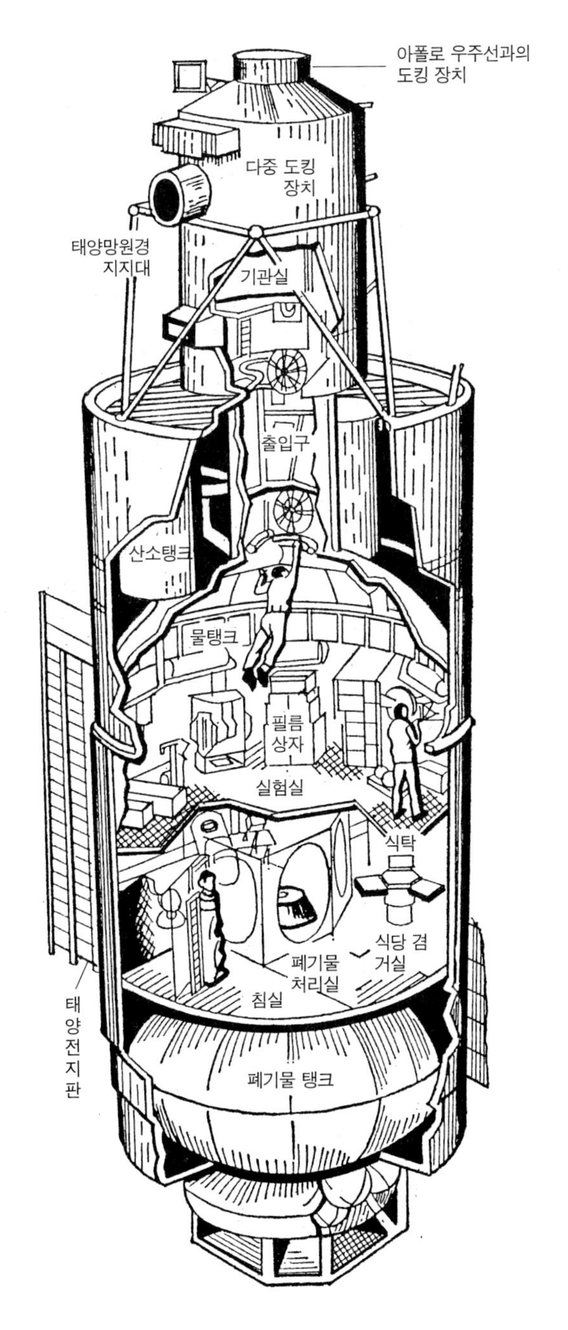
아폴로 우주선과의
도킹 장치
다중 도킹
장치
태양망원경
지지대
기관실
출입구
산소탱크
물탱크
필름
상자
실험실
식탁
식당 겸
거실
폐기물
처리실
침실
태
양
전
지
판
폐기물 탱크

스카이랩 내부 구조

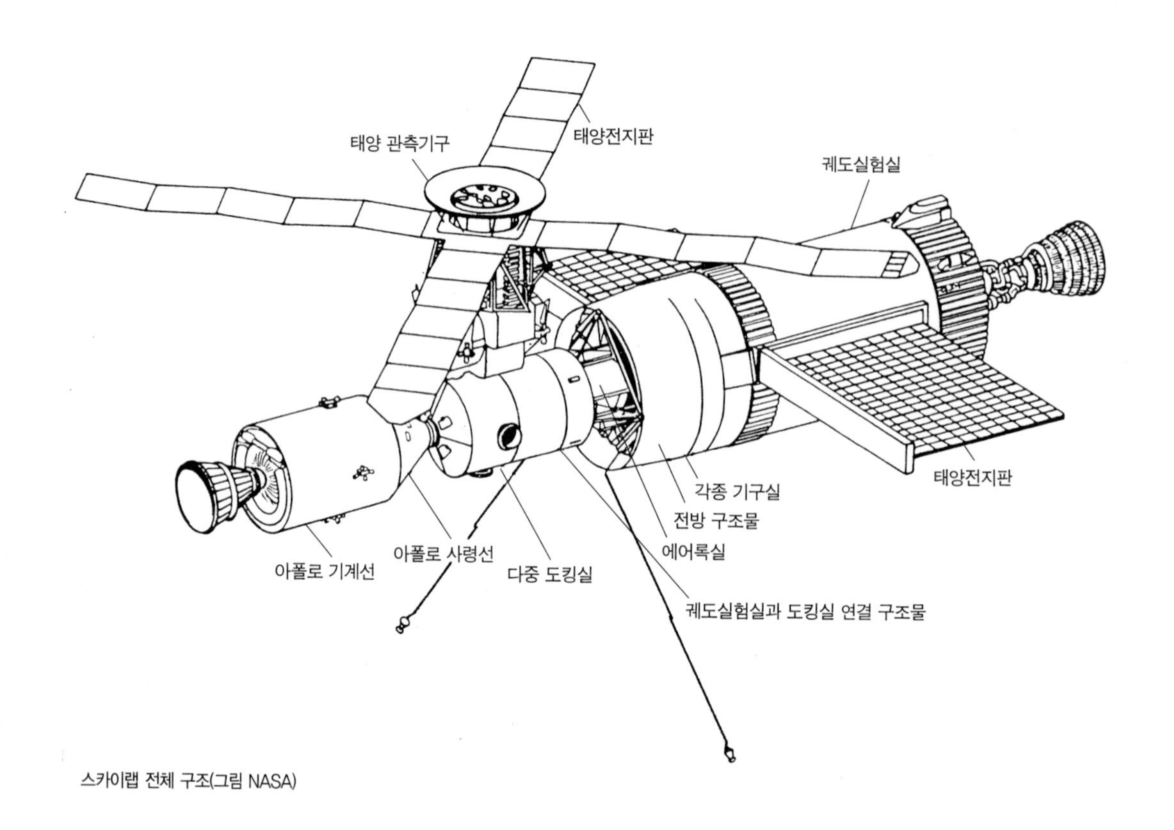

스카이랩 전체 구조(그림 NASA)

는 아래의 조그만 방을 화장실과 오물을 처리하는 쓰레기통으로 쓰도록 만들었다.

상부의 큰 방은 다시 상하 두 부분으로 나누어 아래에는 생활 공간을 만들고 위에는 실험실을 만들었다. 생활 공간은 다시 침실, 업무실, 주방, 목욕실로 나뉘어 있다.

스카이랩 내부는 당시까지 우주에 올라갔던 어떤 종류의 우주선보다 넓다. 그 안에서 충분히 먹고 자며 자유롭게 움직일 수 있을 만큼 여유가 있다. 식탁과 의자도 있으며 개인 침대도 있다. 다리 운동을 할 수 있도록 페달이 달린 고정식 자전거도 설치해놓았다.

세워놓은 침대에서 잔다

목욕실에서는 샤워를 할 수 있도록 더운물이 흘러나오고, 수분을 제거한 갖가지 음식이 제공될 뿐만 아니라 방의 조명도 기분에 따라 바꿀 수 있다.

침실에는 개인 침대가 셋 있는데 모두 세워져 있다. 침대가 세워져 있다면 잠을 자기 어렵지 않을까 생각할지 모르겠지만 스카이랩은 지구 상공 420킬로미터쯤에서 지구 주위를 초속 8킬로미터의 아주 빠른 속도로 회전하여 내부는 무중력상태로 위아래가 없기 때문에 서서 잠을 자는 데 아무런 어려움이 없다.

물론 스카이랩 밖은 무중력상태가 아니다. 다만 공기가 없는 진공상태일 뿐이다. 공기가 없는 진공상태와 중력이 없는 무중력상태는 서로 아무런 관계도 없다.

진공상태는 공기가 지표 근처에만 있기 때문에 지구에서 멀리 떨어지기만 하면 되지만, 무중력상태는 우주선이 지구를 빠른 속도로 회전하면서 생기는 힘인 원심력, 즉 지구에서 밖으로 달아나려고 하는 힘과 지구가 우주선을 잡아당기는 힘인 중력이 서로 같아질 때 발생한다. 즉, 우주선이 지구의 인공위성이 되어 지구를 회전하게 되면서 무중력상태가 되는 것이다.

무중력상태에서는 위아래가 없다. 지구에서는 물체가 떨어지는 방향을 기준으로 하여 위아래가 있지만, 물체가 어느 곳으로도 떨어지지 않는 무중력상태에서는 위아래의 기준이 없는 것이다. 따라서 침대가 세워져 있어도 누워 있는 것과 다르지 않고, 이왕이면 침실의 면적을 좁히려고 세워둔 것이다.

한편, 식당의 한쪽 벽에는 원형 창문이 나 있어 이 창문을 통해 지구를 바라보며 식사를 할 수 있다. 스카이랩은 일종의 초호화판 우주 호

지구궤도를 비행하는 스카이랩(사진 NASA)

텔인 것이다.

쥐와 거미도 실험에 참여

스카이랩 1호는 1973년 5월 14일 새턴 5 로켓에 실려 422~442킬로미터의 지구궤도로 발사되었다. 10일 뒤인 5월 25일에는 새턴 5 로켓의 반 정도 되는 크기인 새턴 1B 로켓으로 피트 콘래드, 조 커윈, 폴

스카이랩 탑승 1진으로 우주에 올라간 콘래드가 자전거를 타며 다리 운동을 하고 있다. (사진 NASA)

웨이츠가 탑승한 아폴로 우주선을 발사하여 일곱 시간 뒤 우주에 떠 있던 스카이랩과 도킹하였다.

스카이랩에는 모두 여섯 개의 대형 태양전지판이 붙어 있는데, 발사할 때는 모두 접어서 발사한 뒤 우주공간에서 다시 펴도록 되어 있다. 그러나 몸통에 붙어 있던 태양전지판 중 하나는 펼쳐지는 과정에서 서로 엉켜 결국 하나만 작동하여 스카이랩에 필요한 전력을 생산하는 데 문제가 있었다.

콘래드 등 제1진 세 명은 스카이랩에서 28일에 걸쳐 각종 우주 실험을 수행하고, 타고 간 우주선으로 지구에 되돌아왔다.

제2진은 1973년 7월 28일 발사되었다. 우주비행사인 앨런 빈과 잭 루스마, 그리고 일반인 기술자 오언 개리엇 등이 탑승했다. 특이한 점은 세 명의 우주비행사와 기술자 이외에 실험용으로 쥐 여섯 마리와 아니타, 아라벨라라는 거미 두 마리가 함께 실려서 발사되었다는 것이다.

제2진은 59일 동안 스카이랩에 머물면서 여섯 시간 30분 동안 스카이랩 밖으로 나가 우주작업을 했는데 이것도 당시로는 신기록이었다.

제2진의 비행 목적 중 가장 중요한 것은 인간이 우주(무중력상태)에서 오랫동안 생활할 때, 신체에 생기는 문제점을 연구하는 것이었다. 인체 내 신진대사와 세포의 변화, 그리고 몸의 각 부분과 뼈에서 일어나는 영향과 그 외에 에너지의 소모량, 수분 배출량을 조사 연구했다. 그리고 진공과 무중력상태를 이용하여 새로운 물질을 만들어냈다.

스카이랩에서 활동한 마지막 팀인 제3진은 1973년 11월 16일 발사되었다. 제3진은 84일간 스카이랩에 머물면서 7만 5000장의 태양 사진과 1만 7000장의 지구 사진을 찍어 가지고 돌아왔고, 이 자료들은 천문 연구와 지구 자원 조사에 큰 도움을 주었다.

우주 실험에서는 무중력상태에서 거미가 줄을 치는 모습을 보며 연구하고 금속을 가공하는 실험을 했다. 특히 금속 가공 및 특수금속 연구는, 우주의 진공상태와 스카이랩의 무중력상태를 동시에 이용하면 강철보다 강하고 코르크보다 가벼운 물질 등을 만들 수 있기 때문에 과학자들의 관심을 모았다. 앞으로 우주탐험을 위해서는 무엇보다도 가볍고 튼튼한 물질이 필요하기 때문이다. 탄산가스를 넣은 기포 상태의 금속이 바로 그것인데 우주에서는 아주 쉽게 만들 수 있다.

현재도 이 분야에 대한 연구는 관측 로켓 및 인공위성, 우주정거장 등을 통해 계속되고 있는데, 21세기에는 어떤 새로운 물질이 우주에서 발명, 생산될지 예측할 수 없을 정도다.

자유의 이름으로

국제우주정거장 '프리덤'

국제우주정거장 계획은 1984년 1월 미국의 레이건 대통령이 러시아의 우주정거장 계획에 자극을 받아 연두교서에서 "미국은 10년 이내에 국제우주정거장을 건설한다"고 발표하면서 시작되었다. 이에 따라 미국을 중심으로 프랑스, 독일, 캐나다, 일본 등이 공동으로 개발하는 국제우주정거장 '프리덤' 계획을 세웠다. 그러나 수백조 원의 예산 문제로 프리덤 계획은 취소되고 전체 규모를 몇 번씩 축소한 끝에, 결국은 러시아까지 참여시키는 새로운 계획이 1993년 12월 최종적으로 결정되었다. 레이건 대통령이 우주정거장 건설을 발표한 지 10년 만에 이루어진 것이다.

현재 진행 중인 '국제우주정거장(International Space Station, ISS)' 계획은 지난 1994년부터 2005년까지 3단계로 나누어 진행될 예정이었다. 1단계는 1994년부터 1997년 11월까지며, 우주정거장 건설의 준비 기간이다. 이 기간에는 러시아의 미르 우주정거장을 이용하여 미국 우주비행사들이 우주 생활에 적응하는 훈련과 미국의 우주왕복

국제우주정거장, 2002년 11월(사진 NASA)

선과 미르를 결합하는 훈련 등을 실시했다.

2단계 건설 기간은 1997년 11월부터 2001년 7월까지로, 실제로 우주에 우주정거장을 조립하고 승무원들이 우주 생활 및 자유로운 활동을 시작하는 단계다. 그러나 러시아에서 제작하기로 한 첫 번째 발사 모듈인 자리야(Zarya)는 화물선 기능을 하는 모듈의 제작 및 발사 준비가 제대로 이루어지지 않아 원래 계획보다 1년 연기해 1998년 11월 첫 부품을 발사했다. 국제우주정거장의 첫 모듈인 자리야는 전체 무게 20톤, 지름 3~4미터, 길이 15미터의 원통형 구조물로 스스로 자세를 조정할 수 있는 자세 제어 시스템과 전력을 생산할 수 있는 태양전지판, 그리고 우주선과 접근 및 결합할 수 있는 능력을 갖추고 있는 우주정거장의 초기 몸체다.

이어서 1998년 12월 두 번째 우주정거장 모듈인 미국에서 제작한 무게 15톤의 유니티(Unity)를 발사했다. 당초 1998년 발사할 예정이던 세 번째 모듈 즈베즈다(Zvezda, 별이라는 뜻)도 1999년 7월 12일 오후에 발사했다. 즈베즈다는 무게 22톤, 길이 12.9미터, 지름 3~4미터의 원통형 모듈로 미리 발사된 자리야와 유니티와 연결되어 우주인이 거주할 수 있는 우주정거장 역할을 한다. 세 명의 우주인이 거주하고 있는 즈베즈다는 국제우주정거장의 자세와 궤도를 조종하는 기계선의 역할도 한다.

2000년 12월에는 길이 72미터, 폭 11.4미터에 무게 15.7톤짜리 태양전지판과 확장용 구조재를 성공적으로 설치했다. 그리고 2001년 2월에는 3단계 계획의 시작으로 길이 8.4미터, 직경 4.8미터, 무게 13.5톤의 데스티니 연구 모듈을 설치했다.

2001년 7월 15일 미국은 우주왕복선 아틀란티스호로 운반해 간 무게 6.5톤의 기밀식 출입구를 국제우주정거장 알파 모듈에 설치하는 데 성공했다. 이로써 국제우주정거장 건설 작업은 본격적으로 이루어지게 되었다.

기밀식 출입구를 부착하기 전에는 우주정거장 안에 있는 우주인이 밖으로 직접 나갈 수 없었다. 그러나 이제는 우주정거장에 문제가 생겼을 때나 새로운 모듈을 우주정거장에 설치하기 위해 우주인이 밖에 나갈 수 있게 된 것이다.

2단계 마지막 조립 사업인 기밀식 출입구까지 합해 현재 무게는 약 80톤으로 거대한 우주정거장의 모습을 점차 갖추어가고 있다. 우주정거장은 대형 물체이기 때문에 지구에서도 쉽게 관측된다. 우리 나라 상공(서울 근처)에서도 새벽 3시부터 4시 사이에 국제우주정거장을

우주왕복선(STS-113)이 우주정거장을 조립하는 장면, 2002년 11월 28일(사진 NASA)

볼 수 있으며 정확한 시간과 위치는 미국항공우주국 인터넷 홈페이지(www.nasa.gov)에 접속하면 알 수 있다.

2005년 말 완공 목표로 조립되고 있는 국제우주정거장은 유럽, 일본, 러시아, 미국 등 16개국에서 각 모듈을 제작하고 미국이나 러시아의 로켓으로 발사, 우주에서 조립하고 있었다. 그런데 2003년 2월 1일 지구로 귀환하던 우주왕복선이 대기권에 진입하며 폭발하는 사고로 일곱 명의 우주비행사가 모두 사망했다. 이 비극적인 사고로 우주왕복선 재발사는 2005년 7월까지 연기되었고, 국제우주정거장 완공 예정일도 현재로서는 예측하기 어려워졌으나, 늦어도 2010년까지는 완공한다는 계획이다. 국제우주정거장은 모두 서른여섯 부분으로 구성되고, 완공 후 전체 무게는 460톤에 길이도 88미터나 되는 초대형 우주 구조물이 될 것이며, 최대 3~4명이 이곳에 머물며 활동할 수 있을 것이다.

세 번째 여행

한국 최초의 우주인

한국 우주인의 기본 조건

우주인 훈련기지

소유스 우주선과 우주로켓 그리고 비행 과정

한국 최초 우주인의 우주일기

한국 우주인의 기본 조건

한국 우주인 선발을 주관하고 있는 한국항공우주연구원에서는 한국 우주인상을 다음과 같이 제시한다. '우주 환경에서 임무를 원활히 수행할 수 있는 지 · 덕 · 체를 갖춘 대한민국 국민으로, 새로운 미지의 세계에 도전하는 온화하고 건강한 우주인이다.'

이런 한국 우주인을 선발하기 위해 필요한 요건을 정하는 기준을 마련하였다. 여기에서 필요한 요건이란 우주인이 우주에서 임무를 안전하게 수행하는 데 필요한 정신 · 신체, 행동, 언어 능력과 지적 수준 등을 말한다.

우주 공간은 무중력과 초진공을 비롯해 지상과는 전혀 다른 환경을 제공한다. 우주인은 이러한 우주 환경에서 생활하며 우주 실험과 같은 특수한 임무를 수행해야 하기 때문에 엄격한 과정을 거쳐 선발해야 한다. 또한 우주인 양성에는 많은 시간과 예산이 소요되므로 실패 요인을 미리 제거하고 성공 가능성이 가장 높은 우주인을 선발할 수 있어야 한다. 그리고 많은 국민들이 관심을 갖고 있는 만큼 모두에게 균등

한국 우주인 안내 광고(그림 한국항공우주연구원)

한국 우주인의 신체 조건(그림 한국항공우주연구원)

한 기회를 부여하기 위해 명확한 기준을 마련해야 한다.

우주인 선발에서 고려하는 기준은 크게 네 가지다.

첫째는 일반 적합성으로서 품행과 성품을 평가해 우주비행에 나쁜 영향을 줄 수 있는 개인의 행동을 예측하고 평가한다. 범죄 경력이나 약물 중독과 같은 부적합한 항목도 없어야 한다.

둘째는 행동 적합성으로서 후보자가 다양한 문화적 환경에서 우주비행 팀의 팀원으로 활동하는 데 지장이 없는 성격의 소유자인지, 또 우주 환경에서 효율적으로 임무를 수행할 수 있는 인지 능력, 상황 적응 능력, 제약 조건 극복 능력을 가지고 있는지를 평가한다.

셋째는 의학 적합성으로서 국제우주정거장 '다국적 의학 운영 위원회'에서 만든 의학적 기준과 평가 기준 등에 적합한지를 평가한다.

넷째는 언어능력으로서 대인간 의사소통에 문제가 없는 유창한 영어 실력을 갖고 있는지, 러시아어 실력을 갖추고 있거나 배우려는 의지가 있는지를 평가한다.

일반 적합성은 지원자의 최종 학력 및 경력, 이력서 등을 검토하여 우주인으로서의 자질과 임무수행 능력을 평가하며, 신원 조회를 통해 반사회적 성향, 전과 기록 여부 및 아래의 사항을 평가한다.

- 과거에 심각한 과실 또는 부정을 저지른 경력
- 범죄에 연관되거나, 부정직하고 수치스러운 행동을 한 경력
- 의도적인 거짓 증언 또는 시험과 약속에서 사기를 친 경력
- 우주 프로그램을 악의적으로 비판하는 조직의 회원, 후원자
- 알코올 중독
- 마약 또는 약물 중독

행동 적합성은 자기소개서, 면접, 고립실 평가 등을 통해 도덕성과

협동 정신을 갖추고 있는지, 그리고 팀의 일원으로서 활동하는 능력, 적응 능력과 유연성, 높은 윤리적 도덕성 등을 평가한다. 또한 우주 및 비행적성 검사를 통해 우주비행과 비상시에 대비할 수 있는 강한 체력과 위기 대처 능력이 있는지도 검사한다. 면접과 필기시험을 통해 우주 임무를 수행할 수 있는 교육적 배경과 지적 능력을 갖추고 있는지를 평가한다. 면접을 통해 비행 후 대중 친화력, 과학홍보대사로서의 역할을 충실히 할 수 있는지도 알아본다.

의학 적합성은 종합 및 정밀 신체 · 정신 검사, 우주적성 검사를 통해 우주에서 임무를 안전하고 성공적으로 수행할 수 있는 신체와 정신적 능력을 갖추고 있는지를 평가한다. 신체적인 기본 조건은 다음과 같다.

- 키 : 150~190센티미터
- 체중 : 50~95킬로그램
- 시력 : 안경을 벗고 0.1, 교정 1.0 이상(굴절률 6디옵터 이내)
- 혈압 : 수축기(최고 140mmHg~최저 90mmHg),
  이완기(최고 90mmHg~최저 60mmHg)

또한 우주비행에 지장을 초래할 수 있는 병력을 조사하며 중력가속도(가슴: 수직 방향 8G, 머리:수직 방향 5G)와 멀미를 견딜 수 있는 신체 능력을 가지고 있는지 평가한다. 그리고 우주선의 폐쇄 환경을 고려하여 폐쇄된 환경에서 스트레스를 견디며 생활할 수 있는지도 조사한다.

언어 능력은 공인된 영어시험 성적표, 필기시험과 영어 인터뷰 등을 통해 우주비행과 임무수행에 필요한 영어 실력을 갖췄는지를 평가하며, 러시아어를 배우려는 의지와 능력을 가지고 있는지도 평가한다.

영어가 모국어인 미국에서는 면접을 통해 필요한 사항만 평가하지만, 한국에서는 우주인들의 공식 언어인 영어를 얼마나 유창하게 구사할 수 있느냐가 우주인 선발의 관건으로 작용할 수 있다.

이러한 선발 평가 기준을 통해 선발되는 한국 우주인은 일반 국민과 청소년들에게 우주개발에 대한 꿈과 희망을 심어주어야 한다. 또 과학기술에 대한 국민적 지지기반을 조성하고, 훈련과 우주비행을 통해 기술을 습득하며, 우주 실험에 대한 관련 기술을 확보하는 중요한 임무를 수행해야 한다.

우주 생활의 신체 변화

우주의 무중력상태에서 생활하면 우리의 신체에는 어떠한 변화가 생길까?

첫째, 몸의 균형 감각과 방향 감각이 떨어진다. 몸이 둥둥 떠다니기 때문에 균형을 잡기가 힘들 것이다. 위아래가 없는 것도 적응하는 데 힘든 이유 중 하나다.

둘째, 몸의 위치에 따른 혈압이 같아진다. 지구에서는 머리의 혈압이 가장 낮고, 심장 근처와 다리로 내려갈수록 혈압이 높아진다. 머리의 혈압이 70mmHg, 심장이 약 100mmHg, 그리고 다리로 내려오면 심장의 두 배가 넘는 200mmHg이다. 그런데 우주의 무중력상태에서는 머리 부분이나 심장이나, 다리의 혈압이 모두 100mmHg로 비슷해진다. 따라서 아래 부분에 몰려 있는 혈액이 머리나 가슴 부분으로 이동하여 얼굴은 부풀어 오르며 목의 혈관도 좀더 굵어진다. 다리의 혈액도 10분의 1 정도 줄어들며 머리, 얼굴 등의 상체로 몰리면서 혈압이 많이 변하고 마치 감기에 걸린 사람처럼 코가 막히고 킁킁거리게 된다.

셋째, 키는 커지고 뼈는 약해진다. 우주의 무중력상태에서는 척추에

중력이 작용하지 않기 때문에 키가 5센티미터 정도 커진다. 몸속의 내장이 떠올라 위로 치받는 것 같은 느낌을 받게 되어 허리는 홀쭉해지고 갈비뼈와 가슴은 팽창한다.

무중력상태에서는 다리나 팔 근육을 잘 쓰지 않으므로 근육에서 단백질이 빠져나가, 오랫동안 우주비행을 하는 경우 발의 근육이나 관절 근육이 약해져 지상에 내려오면 처음에는 고생을 하게 된다. 뼈 속의 칼슘도 빠져나가므로 혈액량도 줄어든다. 때문에 우주에서도 운동을 열심히 해야 한다. 주로 러닝머신과 기구를 이용하여 다리 운동과 팔의 운동을 한다.

넷째, 각종 면역기능이 떨어진다. 우주선을 타고 우주에 올라가면 무중력상태의 좁은 공간에서 잠을 자야 하기 때문에 잠의 질과 양이 떨어지고 좁은 공간에서 지내야 하기 때문에 불안, 우울, 불면증에 시달린다.

한국 최초의 우주인 선발

우리나라 최초의 우주인 후보 선발은 2006년 4월 21일 과학의 날을 기점으로 서울 시청 앞 광장에서 시작되었다. 과학기술부와 공동으로 우주인 후보 선발을 주관한 한국항공우주연구원은 이날부터 7월 14일까지 84일 동안 전국에서 3만 6000여 명의 지원을 받아 이 중 1만 명을 서류전형으로 선발하였다. 9월 2일에는 3.5킬로미터 달리기 등 기초체력평가와 영어 및 종합상식시험을 통해서 500명으로 압축하였다. 그리고 기본신체검사를 통해서 1차로 245명을 선발하였고, 2차로 한국항공우주연구원은 10월 21일~22일 이틀간 우주 임무수행 능력에 대한 일반 면접과 체력평가 그리고 영어평가 등을 통해 30명으로 압축하였다. 11월 말에는 정밀신체검사, 우주적성검사, 비상상황대처능력 등의 평가를 통해서 10명을 선발하였고, 최종적으로 훈련기 탑승, 러시아의 가가린 훈련센터에서의 정밀 검진들을 토대로 12월 25일 한국 최초의 우주인 후보로 고산(30세, 삼성종합기술원 연구원) 씨와 이소연(28세, 한국과학기술원 박사과정) 씨를 선발하였다.

한국 최초의 우주인 후보로 선발된 두 명은 2007년 3월 7일 러시아의 가가린 우주센터에 입교하여 러시아어 교육과 각종 우주비행 훈련을 받고 있다. 과학기술부와 한국항공우주연구원은 2007년 9월 한국에서 후보 선발 시의 성적과 러시아 가가린 우주인 훈련센터 훈련성적 및 과학실험 수행역량 등을 종합하여 최종 탑승 우주인 후보 1명을 선발할 예정이다. 러시아에서의 훈련성적은 소유스 우주선과 국제우주정거장에 관한 이론평가와 실습평가, 체력평가, 의학검사 등이며 러시아 전문가들이 평가한다.

최종 탑승 우주인 결정 후 각각의 후보들은 탑승 팀(Primary Team)과 예비 팀(Back-up Team)으로 나뉘어 2008년 3월까지 최종 비행훈련을 받게 된다. 탑승 우주인으로 선발되어 훈련을 받아도 우주선을 탑승하기 직전에 감기에 걸린다든지 우주비행을 할 수 없는 상태가 발생하면 예비 우주인 후보가 우주비행을 대신하게 된다. 계획대로 진행된다면 한국 최초의 우주인은 2008년 4월 러시아 유인 우주선 소유스를 타고 국제우주정거장(ISS)에 가서 1주일을 머물며 각종 실험과 우주체험을 한 후 귀환할 예정이다.

우주인 훈련기지

스타시티의 우주비행 훈련

즈브즈드니 고로도크, 러시아어로 '별의 도시(Star City)'라는 뜻이다. 이름만 들어서는 과학소설 속에 등장하는 은하계, 혹은 태양계에 있는 별에 건설된 우주 도시가 떠오른다.

그러나 스타시티(가가린 우주센터)는 우주에 있는 도시가 아니고 러시아에서 우주개발에 필요한 우주비행사를 훈련시키기 위해 건설한 우주인 도시다. 이 도시는 모스크바 북동쪽 30킬로미터 떨어진 츠칼로프에 자리잡고 있으며 '가가린 우주센터'라고도 불린다. 미국과 비교한다면 텍사스 주 휴스턴 시에 있는 미국항공우주국의 존슨 유인우주비행센터와 비슷한 곳이라고 할 수 있다.

나는 두 번 스타시티를 방문했는데 첫 번째는 1992년 2월 항공우주 관련 국제학술회의에 참석차 모스크바를 방문했을 때이고, 두 번째는 2005년 5월이었다. 아침 9시 호텔을 나서서 자동차를 타고 모스크바 교외 북동쪽으로 달려 11시쯤 숲 속에 자리 잡은 스타시티 입구에 도착했다. 5월이지만 모스크바라 선선할 줄 알았는데 밖에서는 그늘을

스타시티의 우주인 훈련장(사진 스타시티)

찾아다닐 정도로 더웠다.

원래 이곳은 외부인의 출입이 금지된 구역으로 안내인 없이는 절대로 들어갈 수 없다. 1992년에는 타고 온 자동차를 큰 철문 밖에다 세워 놓고 방문을 주선해준 안내인만 작은 철문을 통해 안으로 들어갔다. 한참을 기다리니 큰 철문이 열리고 안으로 들여보내주었다. 러시아에서 우주 연구기관에 출입하는 일은 무척 까다롭다. 연구기관 대표도 자기 마음대로 외부인을 출입시킬 수 없도록 군에서 철저히 통제한다. 13년 만에 방문해보니 옛날보다는 많이 변해서 쉽게 출입이 되었다.

스타시티에서 나온 안내인은 군인이었다. 그들의 모자와 어깨에는 빨간 별이 많이 달려 있었다. 아마도 이곳에는 별을 단 군인(장군은 아님)들이 많아서 '별의 도시' 라는 이름이 붙었는지도 모르겠다.

입구를 지나 승용차로 5분쯤 들어가자 가가린 동상이 서 있는 광장

소유스 TMA 신형 우주선의 모의 비행 훈련 시설(사진 채연석)

이 나왔고 한쪽으로 10여 층 되어 보이는 아파트가 두 동 보였다. 훈련 받는 우주비행사들이 살고 있는 아파트였다. 외국인 우주비행사들은 본인이 원하면 식구와 함께 이곳에서 생활할 수 있다고 한다. 아파트와 생활시설들을 지나 좀더 들어가니 군인들이 지키고 있는 또 하나의 출입구가 나왔다. 그리고 그 안에 자리 잡은 10여 동의 3,4층짜리 큰 건물들이 보였다. 이곳이 실제로 우주비행을 위한 훈련을 받는 곳이다.

10년 활약 예정

안내인인 보리스 에신은 그동안 얼마나 안내를 맡았던지 청산유수로 설명해나갔다. 맨 처음 안내를 받은 곳은 ㄷ자 형태로 생긴 건물이

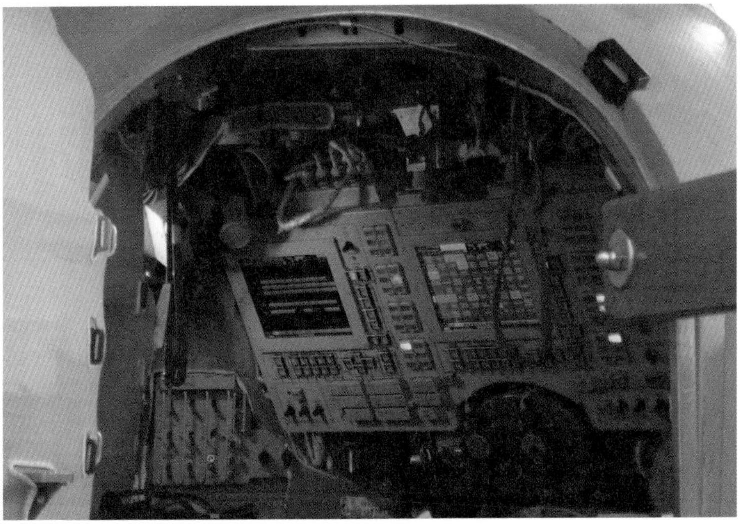

최신형 소유스 TMA 우주선의 계기판
(사진 채연석)

었다. 이곳에는 미르 우주정거장과 우주비행사 발사용 우주선인 소유스 TMA 우주선 등의 실물 모델이 있었다.

이곳은 우주인 후보들이 우주비행에 필요한 모든 행동을 연습하는 곳이다. 또 소유스 TMA 우주선의 실제 발사 상황을 모의 훈련하는 곳이기도 하다.

스타시티에는 지금도 미르 우주정거장의 실물 모형이 있다. 아주 넓은 실내에 미르 본체와 크반트 1호 그리고 크반트 2호를 일렬로 조립해놓았고, 바로 옆에는 크리스털호가 태양전지판 없이 놓여 있다. 옛날 우주비행사 후보들은 이곳에서 우주정거장 생활을 익혔다. 반복 연습을 시키던 교관들은 과거에 우주정거장에서 생활한 사람들이다. 현재는 옆의 다른 빌딩에 국제우주정거장의 러시아 모듈이 있어 그곳에서 훈련을 한다.

장소를 옮겨 소유스 TMA 우주선이 있는 곳으로 가보았다. 그곳에는 소유스 TM과 소유스 TMA 두 대의 우주선이 있었는데, 우주비행사가 탑승해 모의 발사 실험을 할 수 있도록 개조해놓았다.

국제우주정거장의 러시아 모듈. 우주비행사가 실제 우주비행을 하기 전에 이곳에서 훈련을 한다. (사진 채연석)

국제우주정거장의 러시아 모듈 내부(사진 채연석)

소유스 TMA 우주선은 원래 소유스 TM 우주선을 개량한 것으로 크게 궤도 모듈, 귀환캡슐, 서비스 모듈 등으로 나뉘어 있다. 궤도 모듈은 지름 2.2미터의 공처럼 생겼고 우주에서 우주정거장과 도킹할 수 있도록 도킹 포트가 앞쪽에 있으며 무게는 1.3톤이다.

귀환캡슐은 지름 2.2미터이고, 궤도 모듈 바로 뒤에 붙어 있으며, 통로와 문으로 궤도 모듈과 연결되어 있다. 발사할 때와 지구로 귀환할 때 우주인이 탑승하는 곳이다. 우주선을 조종하는 각종 장치, 귀환용 낙하산, 그리고 세 명의 우주인이 앉을 수 있는 의자가 설치되어 있다.

세계 최초의 우주인인 유리 가가린은 키가 164센티미터여서 발사 때 우주비행사가 앉는 좌석(발사할 때 우주비행사가 좌석에 앉아 있는 모습은 누운 상태다)은 크지 않았지만 지금의 소유스 TMA에는 180센티미터 정도의 우주비행사도 탑승할 수 있다고 안내인이 설명했다.

우주인은 궤도 모듈로 들어가서 통로를 통해 귀환캡슐로 내려오는 아주 불편한 방법으로 우주선에 탑승한다. 스타시티에 있는 소유스 TMA 우주선 모델은 귀환캡슐의 벽을 절단해 쉽게 우주선에 탑승해 각종 연습을 할 수 있도록 편리하게 개조해놓았다.

소유스 TMA 우주선에는 세 우주인이 탑승하는데 한 명은 우주선 사령관이고, 다른 한 명은 우주선 조종사며, 마지막 한 명은 우주정거장 기술자나 외국 우주인이다. 우주선 비행 훈련은 세 명이 같이 받는데, 외국 우주인도 긴급 사태를 대비해 반드시 같이 우주선 조종훈련을 받도록 하고 있다.

고중력 적응 훈련(G훈련)

우주비행을 하기 위해서는 우주로켓을 타고 우주로 나가야 하고, 우주비행을 마친 뒤에는 다시 지구로 돌아와야 한다. 이렇게 우주로 나갈 때와 돌아올 때 우주비행사들에게 가해지는 큰 중력(공학적인 용어

세계에서 제일 큰 고중력 적응 훈련 장치(사진 채연석)

로 G)을 극복해야 하는데, 이곳에는 이런 훈련을 받는 곳도 있다.

길이가 10미터쯤 되는 한쪽 팔 끝에 한 명이 누워 들어갈 수 있는 방이 있고, 다른 쪽 끝은 대형 모터에 연결되어 있어 방을 돌릴 수 있도록 했다. 빨리 돌릴수록 우주인 훈련을 받는 사람들이 큰 중력(G)을 느낄 수 있도록 만들어져 있다. 보통 사람인 경우 1G에서 2G로 올라갈 때 속이 메스꺼워지고, 4G를 넘어가면 팔을 움직이기도 힘들어진다. 우주인들은 쉽게 5~6G까지 올라갈 수 있는 훈련을 받아야 한다.

무중력 적응 훈련

우주정거장에서 가장 어려운 일은 무중력상태에서 생활하는 것이다. 실제로 각종 연습을 하고 우주로 올라가서 옆 동료에게 물을 건네주다가 얼굴을 때리는 경우도 있다.

스타시티의 우주인 훈련장에서 수중 무중력 우주복을 입은 필자, 1992년 2월 20일(사진 채연석)

스타시티에서 무중력 적응 연습은 주로 물속에서 한다. 3층짜리 원형 건물 중앙에 지름 23미터, 깊이 12미터의 대형 물탱크가 있고 그 속에는 상하로 움직이는 지름 11미터의 원판 위에 미르 우주정거장이 설치되어 있다. 물탱크에 물을 채운 뒤 원판을 하강시켜 탱크 바닥에 미르 우주정거장이 놓이도록 하면, 마치 물속(우주 공간)에 우주정거장이 떠 있는 것처럼 되고 그 주위를 돌면서 무중력 훈련을 할 수 있다.

수중 무중력 훈련을 할 때 예비 우주비행사들이 입는 우주복은 특별히 고안한 것이다. 우주복의 부력으로 예비 우주비행사의 체중을 상쇄시켜 무중력상태와 비슷한 상황을 만들어놓은 것이다.

수중용 우주복의 무게는 240킬로그램이나 된다. 이 수중 우주복은 입는 데 세 명의 보조원이 도와주어야 할 정도로 복잡하고 무겁다. 수중 우주복의 가슴과 등에 붙어 있는 가방에는 납이 들어 있어 우주인

수중 무중력 훈련을 받기 위해 훈련복을 입고 있는 우주비행사(사진 스타시티)

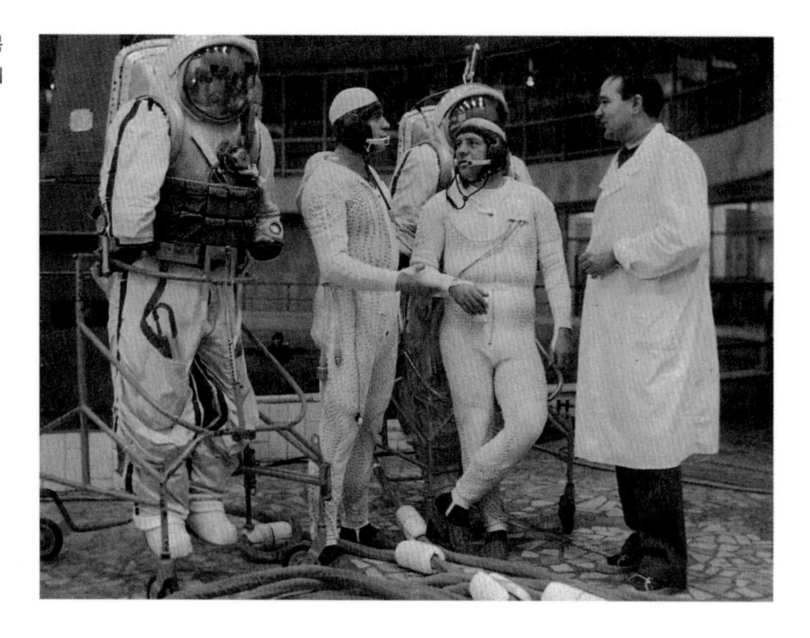

의 체중과 부력을 조절해준다.

수중 우주복 속에는 내복을 입는데 내복 표면에는 물이 흐르는 플라스틱으로 된 가느다란 관이 붙어 있다. 이 관은 우주인이 수중에서 작업할 때 힘이 들어 발생하는 열을 흡수하는 역할을 한다. 물론 물속에서 우주인이 수중 우주복을 입고 무중력 훈련을 받을 때도 호스를 통해 지상에서 공기와 열 흡수용 냉각수를 우주복에 공급해준다.

예비 우주비행사가 물속에서 하는 무중력 실험의 종류는 걷기, 우주선 문 여닫기, 태양전지판 교체 작업 등이다. 특히 우주정거장 밖으로 나가서 하는 임무는 반드시 이곳에서 몇 번씩 반복 훈련을 받는다.

우주비행사의 임무에 따라서 훈련 내용이 달라진다. 보통 한 번 우주정거장 밖으로 나가기 위해서는 이곳에서 세 번의 가상 훈련을 받아야 한다. 첫 단계에서는 한두 시간 정도, 나중에는 다섯 시간씩 훈련한다. 한 번의 수중 훈련을 받고 나면 보통 체중이 2~3킬로그램 줄어든다고 하니 수중 무중력 훈련이 얼마나 힘든지 알 만하다. 지금까지 러시아 우주인 중에서 우주정거장 밖으로 나간 것은 44번이 최고 기록이라고 한다. 보통 한 번 미르 우주정거장에 올라가면 1~6번 정도 밖으로 나가며 한 번에 3~6시간 정도 밖에서 일을 한다. 예를 들어 우주정거장 밖에서 태양전지판을 하나 교체하는 데 서너 시간의 작업이 필요하다고 한다.

미르 우주정거장에는 네 벌의 외출용 우주복이 있으며 밖에서 작업할 때는 보통 두 명의 우주인이 함께 밖으로 나간다. 이때 만약 우주정거장과 연결된 끈이 끊어지면 진짜 우주 미아가 되는 것이다.

진짜 무중력 훈련

진짜 무중력상태 훈련은 러시아의 일류신 76 수송기를 개조하여 만든 무중력 연습 특수 비행기에서 한다. 스타시티 근처에 있는 공군비행장에서 무중력 훈련기를 타고 훈련을 받는다. 무중력 훈련기가 이륙 후 시속 620킬로미터의 속도로 8900미터까지 상승을 하다 엔진을 멈추면 비행기는 1만 미터까지 관성으로 상승한 후 떨어지는 포물선 운동을 하는데, 이때 25초 동안 무중력상태가 된다. 무중력상태가 되기 전후에는 2G까지 올라가므로 이 훈련도 쉽지 않은 훈련이다. 한 번의 비행에서 보통 8~9회의 무중력 훈련을 반복해서 받으며, 무중력상태에서 움직이는 연습, 옷 입는 연습 등 각종 훈련을 받는다.

러시아의 미르 우주정거장이 운영되는 동안 이곳 스타시티에서 훈련을 받고 우주비행을 한 사람은 모두 72명인데 그중 17명이 외국인이다. 외국인들의 출신국은 체코, 폴란드, 독일, 불가리아, 헝가리, 베트남, 쿠바, 몽골, 루마니아, 프랑스, 인도, 시리아, 아프가니스탄, 일본, 영국 등이다. 최근에는 러시아 우주선을 타고 국제우주정거장을 방문하려는 외국인 우주비행사와 민간인 우주인 후보들을 훈련시키고 있다.

일류신 76 수송기를 개량하여 만든 무중력 훈련기. 한 번에 25초씩 훈련한다. (사진 스타시티)

언어 훈련

러시아 말을 전혀 모르는 외국 예비 우주비행사들은 1년 2개월 전에 이곳에 오면 처음 2~3개월간 집중적으로 언어 훈련을 받는다. 모스크바 대학 교수 중에 15년 동안 외국 우주인 언어 훈련을 담당한 교관이 있을 정도로 그들은 체계적으로 훈련시키므로 지금까지 언어가 문제된 적은 없다고 자랑한다. 러시아 말을 모르는 한국인도 우주정거장에 탑승하는 데 전혀 문제가 없을 것이라고 한다.

우주 음식

러시아에서 처음 유인 우주비행을 할 때 우주 음식은 보잘것없었고 종류도 제한되어 있었다. 그러나 지금은 종류도 많이 늘어났고, 외국인이 특별히 원하는 음식이 있을 경우 비행 전에 알려주기만 하면 튜

브에 넣어 우주정거장으로 보내준다고 한다. 만일 한국의 우주비행사가 장래에 미르 우주정거장에 탑승할 기회가 생긴다면, 고추장이나 김치도 우주에서 먹을 수 있을 것이다. 보리스 씨는 쉽게 가져갈 수 있다고 이야기하지만, 실제로 김치나 고추장 등 한국 음식을 가져가려면 연구를 통해 특수하게 포장해야 한다.

가가린 기념관

가가린 기념관은 우주인들과 가족이 생활하는 아파트 근처에 있었다. 2층짜리 건물인데 1층에는 식당과 강당, 러시아의 우주개발 관련 전시관이 하나 있었고, 2층에는 가가린 전시실이 둘, 일반 우주개발 관련 전시실이 하나 있었다.

가가린 기념관 속의 가가린 전시실에는 그가 비행할 때 입은 우주복, 비행한 우주선, 그리고 세계 최초로 우주비행을 끝내고 받은 각종 훈장 등이 전시되어 있었다. 세계 각국을 방문했을 때 받은 각종 선물 등도 전시되어 있으며, 그가 살아 있을 때 사용하던 책상과 의자도 갖다 놓았다.

러시아 우주비행사들이 스타시티에서 훈련을 마치고 발사장으로 가기 전에는 반드시 이곳에 들른다고 한다. 러시아에서 유리 가가린은 아마도 제일 유명한 사람일 것이다. 유리 가가린이 입은 우주복의 무게는 30킬로그램인데 지금의 우주복은 겨우 8킬로그램이라고 한다.

일반 우주개발 전시실을 구경하다가 우주인 음식 중에 마늘이 보여 안내인한테 물어보니, 1978년부터 우주비행할 때 마늘을 가져가서 매일 먹고 있다고 설명해주었다. 마늘이 사람 몸에 좋다는 것은 사실인 듯싶었다. 그리고 우주정거장에서는 뷔페식당처럼 각자 음식을 골라서 먹는 방법을 택하고 있다고 했다.

1961년 4월 12일 가가린이 보스토크 1호를 타고 처음 우주로 날아가 1시간 48분 동안 우주비행을 했을 때는 아마도 정신이 없어 우주에서 물 한 모금 마셔볼 여유가 없었을 텐데, 지금은 외국 우주비행사들이 자기 나라 음식을 먹으며 우주에서 즐기는 시대로 변한 것을 보면 우주비행, 아니 우주여행을 할 날도 멀지 않은 듯싶었다.

안내를 맡았던 보리스 에신 씨는 끝으로 한국의 예비 우주비행사가 이곳에 와서 훈련을 받고 우주비행을 할 수 있기를 바란다고 말했다. 나는 우주비행사는 아니지만 우주공학을 연구하는 사람으로서 다시 이곳을 방문하게 되어 매우 기뻤다.

소유스 우주선과 우주로켓 그리고 비행 과정

발사에서 착륙까지

한국 최초로 선발된 우주인은 스타시티에서 1년가량 훈련을 받고 카자흐스탄에 있는 바이코누르 우주센터로 가서 러시아의 소유스 TMA 우주선을 타고 우주정거장으로 발사되어 우주비행을 하고 지구로 돌아오게 된다. 바이코누르 우주센터에 미리 가서 소유스 TMA 우주선과 소유스 우주로켓을 살펴보기로 하자.

소유스 TMA 우주선

우선 한국 최초의 우주인이 탑승할 우주선은 러시아의 최신형 3인승 우주선인 소유스 TMA이다. 소유스 우주선은 1967년 1호가 비행을 시작한 이래 1981년 5월까지 40호가 비행했다. 이어서 소유스 T 우주선이 15호까지 그리고 소유스 TM 우주선이 1986년 5월부터 2002년 11월까지 34회에 걸쳐 우주비행사들을 미르 러시아 우주정거장과 국

한국인 우주인을 우주정거장까지 날라줄 러시아의 최신형 소유스 TMA 우주선의 발사 준비(그림 러시아 우주청)

제우주정거장에 실어 나르는 등 모두 200기 이상의 소유스 우주선이 제작되었다. 소유스 우주선은 세계에서 가장 많이 사용된 유인우주선인 것이다. 현재 사용하는 소유스 우주선은 소유스 TM 우주선을 개량한 것으로 2002년 10월 30일 TMA-1이 처음 발사되었고, 2005년 10월 1일에는 세 번째 민간 우주비행사가 탑승한 소유스 TMA-7이 발사되었다.

소유스 TMA 우주선은 기존의 소유스 우주선처럼 궤도 모듈과 귀환캡슐 그리고 기구 및 추진 모듈로 구성되어 있다. 전체 길이는 6.98미터, 우주선의 평균 지름은 2.2미터며 무게는 7220킬로그램이다. 우주에서 태양전지판을 폈을 때의 최대 폭은 10.6미터다.

궤도 모듈

이 부분은 소유스 우주선의 앞부분에 있으며 모양은 지름 2.26미터에 길이 2.98미터의 둥근 공처럼 생겼는데 무게는 1370킬로그램이며, 궤도에서 자유비행을 할 때 승무원들이 머무는 곳이다. 부피는 5세제곱미터며, 앞쪽에는 도킹 장치와 지름 80센티미터의 문과 도킹용 안테나가 있고, 반대쪽에는 귀환캡슐과 연결되는 지름 70센티미터의 가압문이 있다. 궤도 모듈은 우주정거장에서 분리되어 지구로 귀환할 때 귀환캡슐과 분리된다.

귀환캡슐

이 부분은 소유스 우주선의 중간 부분에 있으며 지름 2.2미터에 길이 2.24미터의 종처럼 생겼는데 우주비행사가 우주로 발사될 때와 지구로 되돌아올 때 앉아 있는 매우 중요한 곳이다. 소유스 우주선을 조종하는 데 필요한 모든 조종기구와 계기판이 이곳에 있다. 지구로 돌아오는 동안에 우주비행사들의 생명 유지에 필요한 공급물품과 건전지도 이곳에 있으며, 착륙 시 충격을 줄이는 로켓과 낙하산도 갖고 있다. 우주비행사들의 침낭 역할을 겸하는 의자도 있다. 도킹할 때 우주정거장을 보거나 지구를 볼 때 사용하는 잠망경도 설치되어 있고, 지구로 돌아오는 동안 낙하산이 펴지기 전까지 귀환캡슐의 자세를 조종할 때 사용하는 8개의 과산화수소 추력기도 설치되어 있다. 귀환이나 임무 비행을 위한 유도와 항법 그리고 조종시스템도 갖추고 있다.

귀환캡슐의 무게는 2950킬로그램이며, 주거 공간은 3.5세제곱미터이고, 약 50킬로그램의 짐을 갖고 지구로 올 수 있다. 두 명의 우주비행사만 탑승할 경우에는 150킬로그램의 짐을 갖고 돌아올 수 있다. 귀환캡슐은 소유스 우주선에서 지구로 돌아오는 유일한 부분이다.

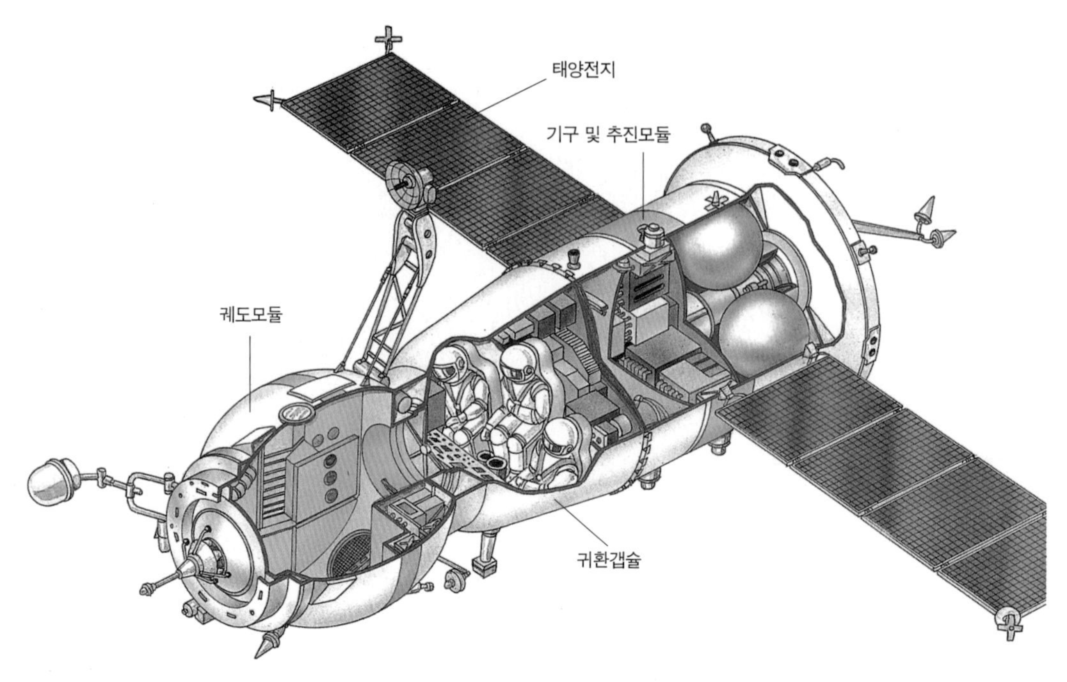

소유스 TM 구조(그림 러시아 우주청)

기구 및 추진 모듈

이 모듈은 중간 칸과 기구 칸 그리고 추진 칸의 세 부분으로 구성되어 있으며, 최대 지름은 2.72미터, 길이는 2.26미터다. 태양전지판을 포함한 최대 폭은 10.6미터며 무게는 2900킬로그램이다.

중간 칸은 귀환캡슐과 연결되어 있다. 그리고 여기에는 전자부품, 통신과 조종장치뿐만 아니라 산소 보관 탱크와 자세조종 추력기가 부착되어 있다. 소유스 우주선의 초기 유도 및 항행, 조종 및 컴퓨터시스템은 기구 칸에 있으며, 이것들은 항공전자부품을 질소가스로 순환 냉각하는 밀봉된 용기 속에 들어 있다. 추진 칸에는 초기 열 조종 시스템과 86제곱피트의 면적을 냉각할 수 있는 소유스 방열기가 들어 있다. 추진시스템과 배터리 태양전지판, 방열기, 소유스 우주 로켓과 연결되는 구조체가 이곳에 있다.

추진시스템은 지구로 돌아오기 위하여 궤도를 이탈할 때 필요한 로켓연소나 우주정거장과의 도킹 및 랑데부를 비롯한 모든 궤도 수정에 사용한다. 추진제로는 사산화질소(N_2O_4)와 UDMH를 사용한다. 주 추진시스템과 추력기는 같은 추진제 통을 사용하며, 우주에서 자세를 변화시키는 데 사용한다. 길이 4.2미터의 태양전지판은 기구 및 추진 모듈의 뒷부분 양쪽에 달려 있는데 재충전 배터리와 연결되어 있다. 중간 칸은 최종 궤도이탈 기동 뒤에 궤도 모듈과 마찬가지로 귀환캡슐과 분리된다.

랑데부 및 도킹

소유스 우주선은 일반적으로 발사장을 출발하여 우주정거장까지 가는 데 2일이 걸린다. 랑데부와 도킹은 자동적으로 이루어지는데, 소유스 우주선과 우주정거장의 거리가 150미터 이내에서는 한 번에 진행한다. 랑데부 및 도킹은 모스크바 근교에 있는 러시아 비행임무 조종센터(Russian Mission Control Center)에서 조종하며 진행한다. 물론 소유스의 우주비행사들도 수동적으로 랑데부나 도킹을 할 수 있다.

소유스 TMA 우주선의 개선

TMA 우주선의 귀환캡슐은 특별히 귀환과 착륙의 안전성을 TM 우주선보다 좀더 높였다. 즉 귀환캡슐을 많이 개량한 것이다. 컴퓨터의 무게는 작으면서도 성능은 더 뛰어난 것으로 바꾸고 비행계기판도 개량했다. 무엇보다도 탑승할 수 있는 우주인의 신체지수가 좀더 자유스러워졌다. 키도 최대 182센티미터에서 190센티미터로 8센티미터 더 큰 사람도 탑승할 수 있게 되었다. 구형 우주선에서는 키가 163센티미터 이하인 사람은 탑승할 수 없었는데 이를 개량하여 150센티미터까지도 탑승할 수 있게 했다. 앉은키도 99센티미터까지 탑승하게 되었다. 가슴둘레의 크기 제한은 없어졌다. 구형 소유스 TM 우주선에서는 몸무게가 56킬로그램 이상에서 85킬로그램 이하인 사람만 탑승이 가능했는데, 신형 TMA 우주선에서는 몸무게가 최대 95킬로그램에서 최소 50킬로그램 사이인 사람은 탑승이 가능하게 개량했다. 발길이도 29.5센티미터 이하는 가능하다.

귀환캡슐에 두 개의 새 엔진을 부착하여 착륙 속도와 힘을 15~30퍼센트 정도 줄여주고, 새로운 조종시스템과 3축 가속도계가 착륙 정확도를 높여준다. 계기판을 천연색으로 바꾸어 쉽게 많은 정보를 우주비행사에게 전해주도록 했다. 그리고 새 우주선은 우주에서 1년 정도 머물 수 있도록 모든 부품이 제작되었다. 귀환캡슐의 좌석도 개량되어 우주비행사가 좀더 안락하고 안전하게 귀환, 착륙할 수 있도록 했다.

소유스 FG 우주로켓

소유스 우주로켓은 1500회 이상 성공적으로 인공위성을 발사한 역사를 가지고 있는 세계 최고의 우주로켓으로서 그동안 통신위성, 지구관측위성, 기상위성, 과학위성 그리고 유인위성을 발사했다. 소유스 TMA 우주선을 발사하는 우주로켓은 3단형 소유스 FG 우주로켓인데 총 무게는 305톤이며, 높이는 46.1미터다. 1단 부스터의 추력은 422.5톤이며 7250킬로그램의 소유스 TMA 우주선을 350~360킬로미터의 궤도에 51.8도로 발사할 수 있는 성능이다. 하단부는 1단인 4개의 부스터와 2단인 가운데의 로켓으로 구성되어 있고, 상단부는 3단과 탑재물 어댑터와 탑재물 페어링으로 구성되어 있다. 액체산소와 케로신(등유)을 3개 단의 추진제로 사용하고 있다.

1단 부스터

1단의 4개의 부스터는 가운데의 2단 로켓을 중심으로 옆에 조립되어 있다. 부스터는 아랫부분은 원통형으로 윗부분은 원뿔형으로 만들어져 있는데, 윗부분에 액체산소가 아랫부분에 케로신이 들어 있다. 한 개의 부스터에는 4개의 연소실과 2개의 추력방향 제어용 추력기로 구성되어 있는 NPO 에너고매시(Energomash) 사의 RD-117 엔진을 사용하는데, 진공추력은 104.123톤이며 비추력은 310초다. 길이는 19.6미터, 지름 2.68미터며, 무게는 44.4톤이다. 추력방향제어용 추력기는 우주로켓의 3축 비행 조종을 가능하게 해준다.

1단 부스터와 가운데의 2단 로켓을 동시에 지상에서 점화시켜준다. 부스터는 상승하는 동안 동력비행을 완전하게 했을 때 분리시킨다. 그리고 2단은 계속해서 동력비행을 한다. 1단 부스터는 이륙 후 약 120초 동안 비행하며, 로켓의 비행속도가 정해진 속도가 되었을 때 분리시킨다.

2단 로켓

소유스 우주로켓의 2단 로켓은 NPO 에너고매시 사의 RD-118 엔진을 사용한다. RD-118 엔진이 RD-117 엔진과 다른 점은 4개의 추력방향제어용 추력기를 사용하여 1단이 분리된 이후에도 3축 비행 조종을 하는 것이다. 길이는 27.8미터, 지름은 2.95미터, 무게는 105.4톤이다. 그리고 RD-118 엔진의 진공추력은 101.931톤이며, 비추력은 311초 그리고 연소 시간은 286초다.

각종 전자기구는 2단의 위에 있으며, 1단과 2단이 비행하는 동안 작동한다.

3단 로켓

3단 로켓은 소유스 2단 로켓과 격자 구조체로 연결되어 있다. 2단 로켓이 동력비행을 완벽하게 끝냈을 때 3단 로켓의 엔진이 점화된다.

소유스 FG 우주로켓(그림 러시아 우주청)

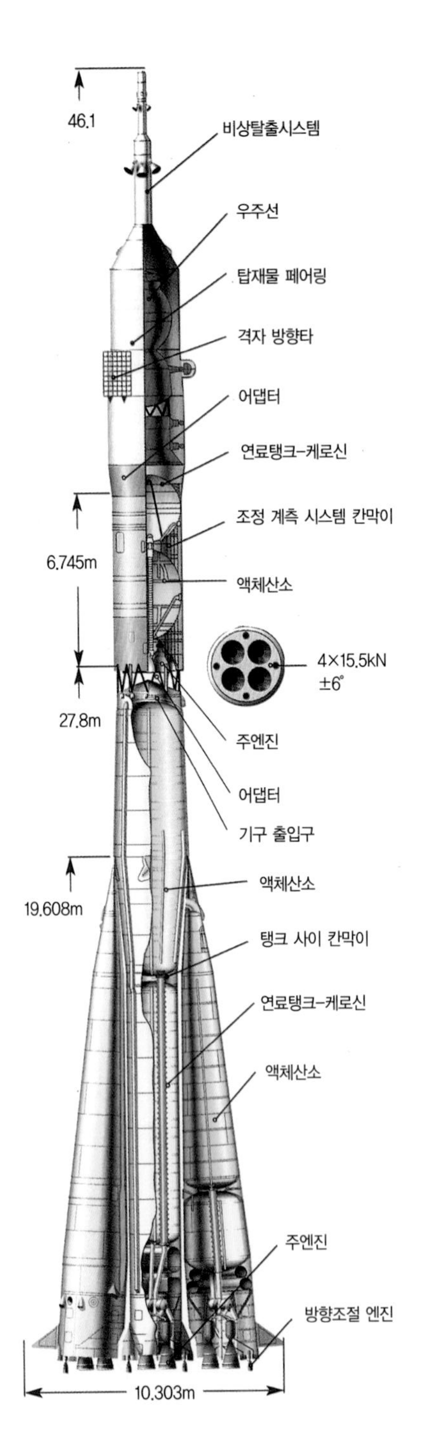

3단 로켓의 점화된 엔진 힘에 의해 두 단의 분리가 일어난다. 3단 로켓의 엔진은 진공추력 30톤인 KB KhA의 RD-0124 로켓엔진을 이용하며, 비추력은 359초, 연소 시간은 300초다.

3단 로켓의 길이는 6.74미터, 지름은 2.66미터며, 무게는 25.2톤이다. 비행속도가 정해진 곳에 도달했을 때 엔진을 정지시킨다. 엔진을 정지하고 우주선과 분리시킨 후 3단 로켓은 액체산소통의 가스방출용 밸브를 열어 비행하게 한다.

우주로켓 원격 측정 추적과 비행 안전 시스템

소유스 발사체의 추적 및 원격 측정은 2단과 3단을 통해 이루어진다. 이들 두 단에는 지상 추적을 위한 레이더 트랜스폰더가 갖추어져 있다. 그리고 각 단에는 개별적인 원격 측정용 송신기도 갖추어져 있다. 발사체의 상태는 비행경로를 따라 지상국에 전달된다. 원격 측정 및 추적 자료는 러시아 임무 통제센터에 보내져 기록된다. 발사 후 수 시간 동안의 모든 비행 자료는 분석되고 기록된다.

바이코누르 발사장

바이코누르 발사장은 1955년 6월 2일 첫 문을 열어 2005년 설립 50주년을 맞이했다. 그동안 모두 2500회의 우주선과 미시일 발사 시험이 있었으며, 모두 130여 명의 우주인을 우주로 실어 날랐다. 중앙아시아 카자흐스탄에 있고, 위치는 북위 45도에서 46도 사이의 서경 63도이며, 두 개의 소유스 발사대가 있다. 바이코누르에는 9개의 우주로켓 발사대와 4개의 미사일 발사대 그리고 11동의 검사장비 및 우주로켓 조립동이 있다.

조립된 소유스 로켓은 발사 2일 전까지 수평 기차에 의해 발사대로 운반되고 수직으로 세워지고 발사연습까지 마친다. 발사 일에는 추진

소유스 우주로켓의 이동(사진 러시아 우주청)

제를 채우고 발사 3시간 전에 최종 카운트다운에 들어간다.

발사에서 착륙까지

실제로 우주로켓에 소유즈 TMA 우주선을 조립해서 우주인이 탑승하고 우주정거장에 갔다가 지구로 되돌아오는 과정을 자세히 살펴보자. 여기에 소개되는 것은 정상적일 때의 표준 시간표이기 때문에 실제 발사에서는 조금씩 변경될 수 있다.

[발사 준비]

발사 34시간 전	연료 충전 준비
발사 6시간 전	부스터에 배터리 부착
발사 4시간 20분 전	우주복 입기 시작
발사 4시간 전	부스터에 액체산소 충전
발사 3시간 40분 전	우주비행사 대표단 면회
발사 3시간 5분 전	우주비행사 발사대로 이동
발사 3시간 전	1단 로켓과 2단 로켓에 산화제와 연료 충전 완료
발사 2시간 35분 전	우주비행사 소유스 우주로켓에 도착
발사 2시간 30분 전	3명의 우주비행사, 궤도 모듈의 옆문을 통해서 소유스 우주선의 귀환캡슐에 탑승한다.
발사 2시간 전	우주비행사, 귀환캡슐에 탑승
발사 45분 전	발사대의 서비스 구조물들 넘어짐
발사 7분 전	사전 발사준비 완료
발사 6분 15초 전	발사 자동프로그램 작동 시작
발사 2분 30초 전	부스터 추진제 통 가압 시작
발사 10초 전	엔진 터보펌프 가동
발사 5초 전	1단, 2단 로켓 엔진 최대 추력

[발사]

발사	소유스 우주로켓 이륙
발사 1분 10초 후	부스터 비행 속도는 초속 500미터
발사 1분 58초 후	1단 로켓 분리
발사 2분 후	비행 속도 초속 1.5킬로미터
발사 2분 40초 후	비상탈출 탑과 발사 보호 덮개 분리
발사 4분 58초 후	2단 분리, 3단 점화
발사 7분 30초 후	비행 속도는 초속 6킬로미터
발사 9분 후	3단과 소유스 우주선 분리 후 200~250킬로미터의 지구궤도에 진입하여 약 90분에 한 번씩 지구를 회전한다.

[궤도 비행]

첫째 날, 궤도비행 1회	궤도에 진입하며 태양전지판, 안테나, 도킹 탐침 등을 전개하여 작동시킨다.
첫째 날, 궤도비행 2회	우주선의 모든 시스템을 점검한다. 그리고 지구를 출발한 지 2시간 후에는 귀환캡슐과 궤도 모듈 사이의 문을 열고 궤도 모듈로 나가서 우주복을 벗고 한 번에 한 사람씩 궤도 모듈을 교대로 사용한다. 이때에 우

	주에서 첫 휴식을 취하거나 화장실을 사용하고 식사를 한다.
첫째 날, 궤도비행 3회	로켓엔진을 점화하여 속도를 점진적으로 높여서 우주정거장을 향하여 이동하기 시작한다.
첫째 날, 궤도비행 5회	우주복을 깨끗이 정리함
첫째 날, 궤도비행 6~12회	취침
둘째 날, 궤도비행 16회	즐거운 점심시간
둘째 날, 궤도비행 17회	다음날 국제우주정거장과의 랑데부를 위하여 소유스 우주선이 정확한 위치를 지키기 위해 로켓엔진을 한 번 더 가동한다.
둘째 날, 궤도비행 20회	우주에서 맞이하는 첫 자유 시간
둘째 날, 궤도비행 22~27회	취침
셋째 날, 궤도비행 29~30회	자유 시간
셋째 날, 궤도비행 31회	국제우주정거장과 도킹할 때 발생할 수 있는 비상사태에 대비하여 우주비행사 소콜(Sokol) 우주복을 입고 귀환캡슐로 들어간 후 궤도 모듈과 연결된 출입문을 잠그고 국제우주정거장과의 자동 도킹을 준비한다.
셋째 날, 궤도비행 34~35회	지상 400킬로미터를 회전하고 있는 국제우주정거장에 접근하여 도킹한 뒤 소유스 우주선과 도킹 면이 완벽한지를 점검하고, 기밀 상태를 확인한다. 80여 분 후 궤도 모듈을 통해 우주정거장의 거주 모듈로 이동하여 소콜 우주복을 벗는다.

[우주정거장 도착]

국제우주정거장에서 6일 동안 생활한다.

국제우주정거장에서의 생활을 마친 우주비행사는 기존의 우주비행에서 타고 올라왔던 소유스 우주선을 타고 지상으로 내려가게 된다. 이것은 국제우주정거장에서 오랫동안 근무한 우주비행사가 새로 올라온 우주비행사와 교대하기 때문이다. 우주정거장을 출발하여 착륙 장소까지 내려가는 데 걸리는 시간은 3시간 23분 정도다. 귀환캡슐에 옮겨 타기 전에 화장실을 갔다 온 후 우주복을 입는다. 미리 정해진 시간에 소유스 우주선의 귀환캡슐에 3명의 우주비행사가 모두 탑승하면 궤도 모듈과 통하는 문을 닫는다. 곧 이어 우주정거장과 우주선을 결합하고 있던 후크와 잠금쇠를 열도록 명령한다.

[착륙]

착륙 3시간 20분 전	우주정거장과 소유스 우주선을 잡고 있던 후크를 열자 소유스 우주선이 초당 10센티미터씩 멀어지기 시작한다.
착륙 3시간 17분 전	소유스 우주선이 우주정거장으로부터 20미터 정도 떨어졌을 때 우주선의 로켓엔진을 점화하여 15초 정도 작동시켜 우주선이 우주정거장으로부터 멀어지도록 한다.
착륙 54분 전	소유스 우주선이 우주정거장으로부터 19킬로미터 정도 떨어졌을 때 21

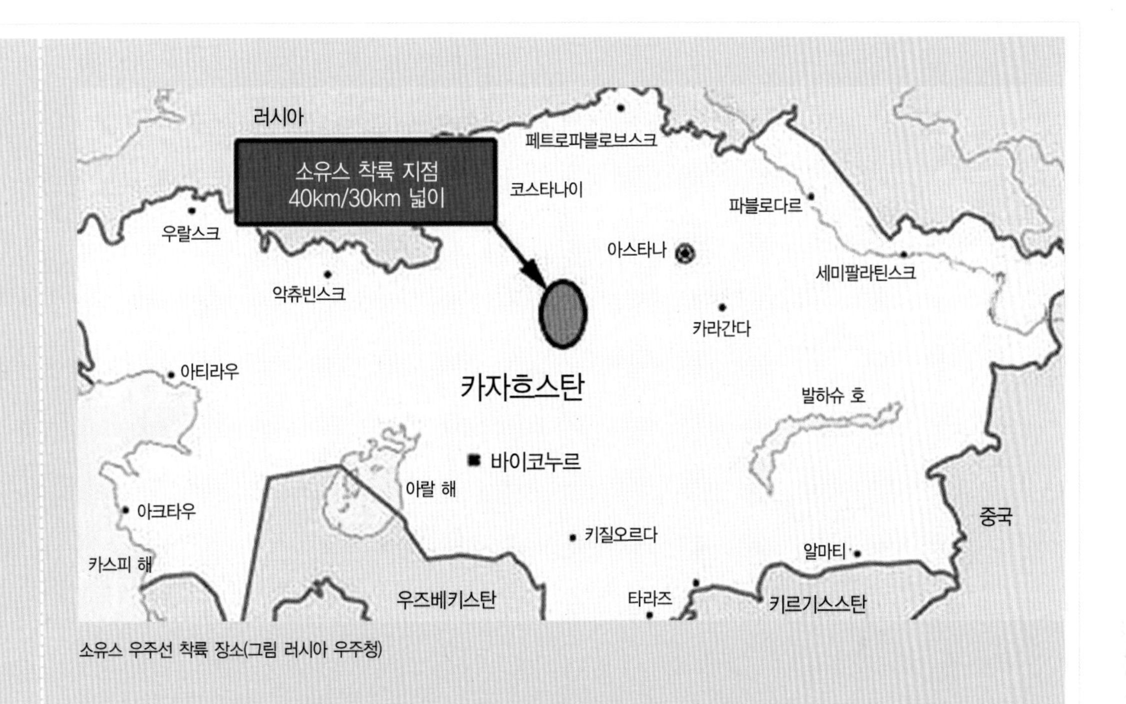

소유스 우주선 착륙 장소(그림 러시아 우주청)

	초 동안 엔진을 작동시켜 비행궤도로부터 낙하하도록 한다.
착륙 26분 전	귀환캡슐 앞에 붙어 있는 궤도 모듈과 뒤에 붙어 있는 기구 및 추진 모듈과 분리한 후 대기권 돌입을 시작한다.
착륙 23분 전	고도 122킬로미터에 도달한다.
착륙 15분 전	지름 5.5미터짜리 보조 낙하산 두 개를 펼쳐 초당 230미터의 낙하 속도를 초당 80미터로 줄인다.
착륙 10분 전	지름 36미터의 주낙하산을 펼쳐서 낙하 속도를 초속 7.3미터로 줄인다.
착륙 2초 전	연착륙을 위하여 6개의 소형 역추진 로켓을 점화하여 지상 80센티미터 위에서 낙하 속도를 초속 1.5미터로 줄이며 착륙시킨다.
착륙	카자흐스탄의 발사장 북방 60킬로미터 지점의 초원 지대인 아르칼레이(Arkalay)에 큰 충격 없이 무사히 정확하게 착륙한다. 10여 분 뒤 근처에서 대기하고 있는 헬리콥터가 우주선 착륙지점에 도착하여 귀환캡슐로부터 지상에 내려온 우주비행사를 태우고 발사장으로 되돌아간다. 건강을 체크한 뒤 비행기를 타고 스타시티로 돌아간다.

한국 최초 우주인의 우주일기

우주정거장에서의 생활

2006년 12월 한국 최초로 우주인에 선발되어 러시아에서 훈련을 받고 최근 소유스 TMA 우주선을 타고 국제우주정거장에 가서 6일 동안 생활하다가 돌아온 꿈같은 나의 일기를 공개한다.

나의 꿈

한국에서 우주인 선발 이야기가 처음 나온 것은 1993년 대전 엑스포 때다. 엑스포 조직위원회에서 우주 분야의 준비위원으로 일하던 삼촌에게 어느 날 오명 대회조직위원장이, 엑스포 기간 중 한국 우주인을 선발하여 우주에 떠 있는 미르 우주정거장에 보내면 한국의 이미지를 높일 수 있고 청소년들에게 과학기술과 우주개발에 대한 꿈을 심어줄 수 있어 좋을 것 같다며 준비를 해보라고 하셨단다. 삼촌이 나에게 이러한 이야기를 한 것은 내가 평소에 우주인에 관심이 많다는 것을 누구보다 잘 알고 있었기 때문이다. 내가 우주인에 관심을 갖기 시작한 것은 초등학교 시절이다.

어느 겨울 방학 때 집에서 TV를 보고 있었는데 갑자기 '미국에서 우주왕복선을 발사하다가 폭발했다' 는 긴급 뉴스가 나오기 시작했다. 이 뉴스는 며칠 동안 계속 TV에서 흘러나왔고, 이 사건은 내가 결정적으로 우주비행에 관심을 가지는 계기가 되었다.

왜 사람들은 위험을 무릅쓰고 우주로 나가려고 하는 것일까?

나는 자주 삼촌 집에 놀러갔다. 삼촌은 항공우주연구원에서 로켓을 연구하는 연구원이기 때문에 집에 가보면 우주와 로켓에 관한 책도 많고 신기한 인공위성 모형들도 많아서 우주비행이나 탐험에 대한 상상을 할 수 있어 좋았다. 또 삼촌이 집에 일찍 오는 날에는 우주개발이나 탐험에 관한 이야기를 듣기도 하고, 평소에 생각했던 궁금한 것을 물어볼 수도 있다.

나는 점점 우주에 빠져들어갔고 어느 날에는 우주선을 타고 우주로 올라가는 꿈을 꾸었다. 그러나 불행하게도 내가 탄 우주선의 로켓엔진이 중간에 고장나는 바람에 지구로 추락했다. 이제 나는 죽었구나 하는 무서운 생각에 소리를 지르다 깨어보니 침대 밑 방바닥이었다. 당시 대학입시 준비에 정신이 없던 나는 삼촌이 이야기한 한국 우주인 선발 계획에 흥미는 많았지만 도전할 수는 없었다. 왜냐하면 당시 나에게는 코앞에 다가온 대학입시 준비가 더 중요했기 때문이다. 한편으로는 왜 하필 이때 한국 최초의 우주인을 뽑는지 불만스러웠지만 어쩔 도리가 없었다. 그런데 어떤 사정이 있었는지는 잘 모르지만 그 뒤로 삼촌은 더 이상 한국 우주인에 대해 이야기하지 않았고 나도 한동안 한국 우주인은 잊고 있었다.

기적적인 우주인 선발

나는 한국에서 대학을 졸업한 뒤 미국에 유학 가서 항공우주공학으로 석사학위를 받고, 러시아에 와서 우주비행에 관해 박사학위 과정을 공부하고 있던 중 2006년 봄 한국에서 우주인을 선발한다는 광고를 보고 응모했다. 하늘이 도와 우주인 후보로 선발되어 모스크바의 스타시티에서 훈련을 받았고, 최종 우주인으로 뽑혀 드디어 꿈에 그리던 우주선을 타고 우주로 나가게 된 것이다.

사실 2006년 12월 수만 명의 응모자 중에서 두 명의 최종 후보로 선발될 때까지만 해도 내가 뽑히리라고는 꿈에도 생각지 못했다. 왜냐하면 당시 한류를 주도하고 있으며 타임지 표지 모델로까지 나왔던 영화배우, 가수, 국회의원, 정치인 지망생, 공군 조종사 등 너무 쟁쟁한 사람들이 많이 지원했기 때문에 큰 기대를 하지 않았었다. 그런데 운이 좋았다. 어려서부터 우주인을 꿈꾸며 하나씩 준비해온 것이 크게 주효했던 것 같다. 더욱이 함께 훈련을 받았던 다른 후보는 훈련 성적이 나보다 우수했는데, 최종 우주인 선발과정 때 몸 컨디션이 안 좋고 우주비행에 대한 불안감이 커서 내가 한국 최초로 우주인으로 선발되는 데 결정적으로 유리하게 작용한 것이다. 드디어 어렸을 때부터 가슴속에 간직해온 나의 꿈이 이루어지는 순간이었다.

우주비행사는 발사 몇 주일 전부터, 세균의 감염을 방지하기 위해 소독된 방에서 격리생활을 해야 했다. 격리생활에 들어가면 우주비행사의 시중을 드는 소독을 받은 기술자들과의 접촉은 허용되지만, 그 밖의 외부 사람과의 접촉은 금했다.

발사 2주 전 스타시티 근처에 있는 공항에서 비행기를 타고 바이코누르로 이동하여 '우주비행사 호텔'이라는 우주비행사 전용 호텔에 들어갔다. 이 호텔은 경비가 엄중하여 보통 사람은 들어갈 수 없는 것

우주비행사 호텔(사진 러시아 우주청)

은 물론, 부지 안에도 못 들어간다. 꼭 호텔에 들어갈 일이 있는 사람은 우선 문 앞에서 손을 소독액으로 씻고 의무실로 들어가 의사의 진찰을 받고, 체온을 잰다. 조금이라도 열이 있는 사람은 들어가지 못한다. 의사가 호텔에 들어가도 좋다는 허가를 하더라도 우주비행사는 물론, 호텔의 소독을 받은 기술자에게도 일정한 거리 이상으로 접근해서는 안 된다.

발사 일주일 전이 되어서야 겨우 한국에서 온 기자들과 가족들과 인터뷰를 하였다. 우주비행사 호텔에는 커다란 유리 칸막이를 사이에 둔 기자회견실이 있어서 출발 직전에 서로 건너다보면서 기자회견을 실시한다. 마이크를 이용해 인터뷰를 하는데, 나는 긴장하고 있었다. 솔직히 지구를 떠나 우주로 나간다는 것이 좀 무섭기도 하고 떨리기도 했다. 훈련받을 때는 몰랐으나 이제 막상 우주로 올라가겠구나 생각하니 좀 마음이 불안해지는 것은 숨길 수 없는 사실이다. 그래도 자신 있는 표정을 보여주려고 마음먹었다. 난생처음 비행기를 타고 해외로 나갈 때와 비슷한 마음인 것 같다.

스타시티에서 훈련받던 생각이 났다. 처음 우주에 나가는 사람들이 가장 걱정하는 것 중 하나가 바로 우주멀미다. 초등학교 때 배를 타고 제주도에 간 적이 있었는데 지금도 기억에 남는 것은 지긋지긋하게 배멀미하던 것이다. 우주멀미에 대한 훈련으로 머리를 아래로 숙이거나 물구나무를 서거나 머리에 피를 올라가게 하는 연습을 했다. 그러나 우주비행을 한 친구에게 들어보니까, 우주멀미라는 것은 정신력으로 상당히 조절될 수 있다고 했다. 나는 절대로 멀미를 하지 않는다고 자신에게 강력한 주문을 걸면 괜찮은 모양이다. 나도 정신력 하나는 자신이 있으니까 별문제가 없을 것이라고 생각했다.

발사 이틀 전에 우리가 타고 갈 소유스 우주선 안에 처음으로 들어가보았다. 꽤 안전할 것 같은 생각이 들었다. 일을 하는 사람들은 대부분 노인이었다. 35년 이상 같은 우주선을 쓴다는 것은 우주선에 대한 신뢰는 주지만, 우주선을 조립하는 것은 사람이니까 제대로 일을 해주었으면 하는 생각이 들었다. 하나라도 실수를 하면 대형 사고로 연결될 수도 있으니까 말이다. 가지고 올라갈 의학 세트도 보였는데, 눈에 들어오는 것은 강력한 진통제였다. 저런 약품은 쓸 일이 생기지 않았으면 하는 생각이 들었다. 우주에 올라가서 하고 싶은 일이 많은데 아프면 그것이야말로 김빠지는 일이다.

이날 다시 한 번 유리를 사이에 두고 출발 직전 기자들과 인터뷰를 할 수가 있었다. 이때는 지난번보다 훨씬 기분이 좋았다. 마음을 비우고 단념해서 그런지 한결 편안해졌다. 이날 1리터짜리 증류수로 관장을 했다. 발사 후 이틀 동안 작은 소유스 우주선에 머물러야 하므로 대

우주선 탑승 전 마지막 인터뷰를 하고 있다. (사진 러시아 우주청)

변을 볼 수가 없어서 창자 속의 음식물을 모두 제거하는 것이다.

발사 당일, 우주선을 조립하는 건물 미크(MIK)에서 유리를 사이에 두고 식구들과 마지막으로 만났다. 나보다 가족들이 더 많이 걱정이 되는 것 같았다.

소유스 우주선과 우주로켓은 1번 발사대로부터 약 3킬로미터 떨어진 곳에 있는 미크 조립빌딩에서 완전히 조립되며, 발사 이틀 전에 우주로켓은 레일을 따라 수평 위치로 뉘어져 1번 발사대까지 이동하게 된다. 1번 발사대에 도착한 우주로켓은 수직 위치로 세워지고 약 한 시간 내에 발사탑과 연결된다. 우주로켓은 발사대의 화염배출구 위에 놓이며 붐(boom) 끝에 있는 손처럼 생긴 4개의 안치대(cradle)에 의해 지지된다. 발사 시 우주로켓은 스프링과 같은 작용으로 안치대를 밀어내며 우주로 상승하게 되는 것이다.

소유스 우주로켓이 발사대에 도착하여
세워지고 있다. (사진 러시아 우주청)

다음날 우주복을 입고 출발준비를 끝냈다. 다른 우주비행사 2명과 함께 미크 우주로켓 조립빌딩을 나와서 백색페인트로 표시된 각자의 위치에 서서 전통적인 관례에 따라 우주비행 출발신고를 했다. 버스를 타고 소유스 우주로켓의 30미터 앞까지 갔다. 그러고는 '마지막 사진 촬영기회' 라는 이름이 붙은 사진촬영을 로켓 옆에서 실시했다. 내가 타고 갈 소유스 우주로켓은 길이가 50미터로, 여기서는 제일 위에 있는 우주선은 보이지 않았고 다만 거대한 몸집으로 버티고 서 있었다.

1단 부스터 로켓에는 연료가 가득 채워져 있었고, 영하 183도의 액체산소가 가득 채워져 있는 산화제통의 겉에는 주변의 습기가 얼어붙어 있었다.

세 명의 우주비행사는 기사의 안내를 받으며 작은 엘리베이터를 타고 우주선 탑승실까지 올라갔다. 제일 먼저 우주선의 좌측에 앉을 우

출발신고(사진 러시아 우주청)

주비행사가 그의 덧신과 헬멧에 씌워진 플라스틱 커버를 벗고 우주선으로 기어들어갔다. 그는 우선 궤도 모듈의 옆문으로 들어간 후 그곳에서 다시 귀환캡슐까지 내려갔는데 이것은 쉽지 않은 일이었다. 그는 귀환캡슐의 좌측에 앉았다. 그리고 내가 뒤따라 들어갔다. 귀환캡슐의 선장석인 중앙 좌석에 일단 앉아서 궤도 모듈과 통하는 해치문을 닫고 그 공간을 이용해 우측으로 옮겨 앉았다. 그리고 마지막으로 우주선 선장이 다시 해치문을 열고 가운데 좌석에 탑승했다.

궤도 모듈의 옆문과 귀환캡슐의 해치문을 닫아버리자 우주비행사들은 완전히 밀폐된 공간에 갇혔다. 일단 발사탑이 제거된 후 우리들이 탈출할 수 있는 유일한 방법은 우주선의 머리 위에 있는 비상탈출로켓시스템을 이용하는 것뿐이다. 그리고 우주선 위로 탑재물 덮개가 씌워지자 우리들은 창문을 통해 밖을 볼 수가 없었다. 귀환캡슐 안은 수많은 스위치와 버튼 및 다이얼에서 나오는 붉고 하얀 불빛으로 환하게 밝혀졌다.

비록 모든 발사 절차가 자동화되어 있고, 실패할 경우 우주비행사들은 그것을 제어할 수 있는 힘이 없지만 그들이 입고 있는 우주복의 상태와 우주선의 자동 및 수동시스템이 정상적으로 작동하는지는 체크하게 돼 있다. 나는 우주선의 압력과 항법계통 및 TV 카메라를 책임지고 있었다. 체크리스트는 계기를 읽는 방법보다는 버튼을 눌러 확인하는 방식이었다.

발사 20분 전, 모든 것은 정상이었다. 러시아는 미국항공우주국 스타일의 카운트다운을 하지 않는다. 단지 발사통제소로부터 들려오는 러시아 팝뮤직을 들으면서 우주비행사들은 단지 5분 전, 1분 전 등의 엔진의 시동 절차를 따를 뿐이다.

드디어 우주로!

소유스 우주로켓의 부스터인 1단과 2단 추진 장치의 20개 엔진과 자세제어용 로켓이 '우르릉' 소리를 내며 시동이 걸렸고 정상 추력에 도달할 때까지는 수초밖에 걸리지 않았다. 아래의 부스터와 2단 로켓이 본격적으로 작동됨에 따라 흔들림과 '우르릉' 소리 그리고 진동이 심하게 느껴졌다. 부스터의 실제 가속은 대단히 느려서 우주비행사들은 가속을 전혀 느낄 수 없었다. 그러나 약 10~20초 후에는 가속되는 것을 느낄 수 있었다. 나는 TV를 켜고 각 시스템이 제대로 작동 중임을 확인하고 앞에 보이는 조종 장치가 제대로 기능을 발휘하고 있다는 것을 알았다.

부스터가 감속됨에 따라 3G의 힘이 갑자기 줄어들었으며 중앙에 있는 2단 로켓의 옆에 붙어 있는 4개의 부스터는 이륙 후 118초 만에 '쾅' 하는 소리와 함께 떨어져 나갔다. 가속도는 1G 이하로 감속됐으

소유스 TMA 우주선 탑승 승강기를 타기 위해 계단을 올라가고 있다. (사진 러시아 우주청)

며 부착식 부스터가 분리됐음이 계기판에 나타났다.

이륙 후 160초 만에 우주선은 3G로 가속됐으며, 비상탈출로켓이 분리되고 수초 후에 탑재물 덮개가 떨어져 나가자 창문을 통해 밖을 볼 수 있었다. 나는 우주로켓이 회전하자 푸른 바다를 보았으며, 얼음이 흘러 지나가는 창문을 통해 검은 하늘을 보았다. 속도에 대한 감각은 별로 느껴지지 않았다.

'우르릉' 소리는 2단 로켓의 연소가 끝나는 298초까지 계속됐으며, 2단 로켓의 연소가 끝남과 거의 동시에 3단 로켓이 점화되어 배기가스가 격자의 구조물을 통해 맹렬히 분출되었다. 또다시 날카로운 G의 감소가 잠시 있은 후 '쾅' 하는 충격이 있었다. 2단 로켓이 3단 로켓으로부터 분리되는 것이다. 이곳에서 3단 로켓의 엔진이 점화되지 않는다든지 혹은 2단과 3단이 분리되지 않는 일이 발생하면, 우주선은 지구를 향해 탄도비행으로 귀환해야 한다.

'쾅' 소리와 함께 이륙한 지 540초 만에 엔진소리가 멈추고 무중력 상태가 시작되었다. 의자에 꼭 묶인 나는 이제 의자 위로 몇 밀리미터쯤 떠올랐다. 친구한테 선물받아 우주선 속에 매달아놓은 작은 인형이 두둥실 떠다니기 시작했다. 나는 이미 일류신 IL-72기를 타고 무중력 상태 숙달 훈련을 실시했으며, 이를 위해 비상시에 대비한 2회의 낙하산 강하도 실시했었다.

우주비행사들은 우주선의 성공적인 지구궤도 진입에 자축이라도 하려는 듯 서로 악수를 나누었다.

지구궤도에 진입하다

우주선의 압력을 체크한 후 3명의 우주비행사는 헬멧을 벗고 조종

발사(사진 러시아 우주청)

장치와 컴퓨터 및 냉각장치를 감시했으며, 그로부터 2시간 후에는 소변을 보기 위해 캡슐의 해치문을 열고 궤도 모듈로 들어갔다. 각 우주비행사들은 우주복을 벗기 위해 서로 도와주었고, 한 번에 한 사람만이 휴식이나 화장실 사용 또는 식사(치즈, 냉장육, 참치통조림, 식빵 및 과일)를 위해 궤도 모듈을 이용했다.

소유스 우주선은 250~300킬로미터의 타원궤도에 진입하여 90분에 한 번씩 지구를 돌고 있었다. 소유스 우주선의 목표는 400킬로미터 상공에서 지구를 돌고 있는 국제우주정거장에 이틀 안에 접근하여 도킹하는 것이다. 우리는 지구를 돌며 주기적으로 30초~1분 동안 6개의 작은 로켓엔진을 분사하여 궤도를 점차 높여갔다. 필요 시에는 우주선의 선장이 수동으로 조종을 했다. 통신장비와 열 조절시스템의 점검을 책임진 나는 가끔씩 지구의 광경을 즐기며 혹시나 하고 토끼처럼 생긴 한반도를 찾아보았지만 쉽게 눈에 들어오지 않았다.

우주에 올라와 지구를 6회전 할 때부터 6시간 동안은 우주에서의 첫 취침 시간을 가졌다. 무중력상태에서 처음 잠을 자는 것이다. 우주의 무중력상태에서 잠이 제대로 올까 많이 걱정했는데 우주로 올라오느라 긴장도 했고 어찌나 바삐 움직였던지 피곤해서 곧 잠에 떨어졌다.

13바퀴째부터 우주비행 이틀째를 맞이했다.

우주선 내의 각종 장치를 체크하고 시험하며 국제우주정거장에 조금씩 접근해 갔다. 지구를 30바퀴쯤 돌았을 때 다시 우주복을 착용하고 국제우주정거장으로부터 40킬로미터 떨어진 곳까지 최종 접근했으며 그후에는 자동으로 도킹하였다. 생각보다 큰 충격 없이 우주정거장과 도킹하였다. 이제부터 소유스 우주선과 국제우주정거장은 하나의 몸체가 되는 것이다.

우주정거장에서의 무중력 생활

우주정거장에서의 생활은 소유스 우주선에서 보낸 이틀에 비하면 거의 호텔 수준이었다. 공간도 넓고 식사도 식탁에서 할 수 있었고 잠도 침낭에서 잘 수 있어서 좋았다. 물론 샤워도 할 수 있었다. 우주정거장에서 보낸 6일은 정말 바쁘게 지나갔다. 특히 항공우주연구원에서 준비해준 우주과학실험은 쉽지 않았지만 한편으로는 재미도 있었다. 우주정거장에서의 생활 중 가장 힘들었던 것은 무중력상태에 대한 적응이었다. 스타시티에서도 무중력상태에서의 생활에 대비한 훈련을 많이 받았지만 그래도 어려움은 많았다.

무중력상태에서는 혈액이나 체액이 상반신 쪽으로 많이 이동한다. 지금까지 중력에 끌려 하반신에 많이 있던 혈액이 상반신이나 머리부분으로 균등하게 이동하는 것이다. 즉 지표면에서보다는 상반신에 더 많은 혈액이나 체액이 머물게 되는 것이다. 이러한 현상에 따라 머리나 얼굴이 지구에서보다 커져 보인다.

우주멀미는 열이 40도쯤이나 나고, 이튿날 아침에 일어나면 머리 뒤쪽이 마비되고, 눈도 뒤쪽이 마비된 듯한 느낌이다. 급격히 움직이면 위 속에 있는 것이 상하 상관없이 튀어나올 것 같은 그런 상태다. 40도쯤의 열이 난 뒤에는 좀 허탈감이 생기는 그런 느낌이다. 술을 많이 먹고 난 후 숙취가 좀 심한 것 같은 증세다. 숙취처럼 골치가 아프지는 않지만, 허탈감이 나서, 오늘은 일을 하기 싫어 이대로 누워 있고 싶다든가 하는 기분과 비슷한 것이다. 우주멀미라는 것은 상상보다 심각하다. 머리가 심하게 아플 뿐만 아니라 머리가 부어 오른 느낌이 들고, 몸을 움직이면 30분쯤 쉬지 않으면 견디기 어렵다.

발사되고 나서 무중력상태가 시작된 처음 이틀간은 얼굴이 정말로 부어 올라 풍선처럼 머리가 팽팽해진 느낌이었다. 머리가 퉁퉁 부은

소유즈 TMA-3가 우주정거장과 도킹하는 장면(사진 NASA)

느낌이었는데 우주정거장에 가서는 많이 줄어들었다. 무중력상태는 우주멀미 외에도 여러 가지 생리적 변화를 가져온 것 같았다. 우선 감각이 무척 예민해졌다. 특히 내 코가 개 코가 된 것처럼 코가 아주 예민해졌다. 우리 나라 사람들만 마늘을 많이 먹나 했는데, 우주에 올라가보니 러시아 사람들도 마늘을 즐겨 먹는 것 같았다. 우주정거장 안은 마늘 냄새로 진동했지만 한국인인 나는 참을 만했다. 그리고 우주정거장 안의 냄새는 모조리 분간을 할 수가 있었다. 이건 누구의 양말 냄새고, 이건 누가 먹은 통조림 냄새인지 구별할 수 있을 정도로 말이다. 누워 있으면 냄새들이 전부 내 코로만 몰려오는 기분이었다. 그래서 처음에는 코를 손으로 잡고 잠을 청하기도 했다.

청각이나 시각도 아주 민감해졌다. 주변의 소리가 어찌나 잘 들리던지 밤이면 마치 폭풍우가 몰아치는 산속의 오두막집에 혼자 있는 것 같았다. 공기정화기에서 나오는 모터 돌아가는 소리, 바람 나오는 소리가 아주 크게 들려왔다. 가끔씩 태양전지를 태양의 방향으로 움직일 때 끽끽끽 하는 금속음 소리도 들려왔다. 눈을 감고 가만히 있으면, 여기가 우주정거장이 아니라 폭풍우 몰아치는 밤에 산속의 오두막 안에 갇혀 있는 것 같은 생각이 들 때도 있었다. 항공우주연구원에서 개발하고 있는 소음제거기가 있으면 참 좋겠다는 생각도 들었다. 눈도 굉장히 잘 보이는 것 같았다. 보통 때는 잘 보이지 않은 작은 것까지도. 눈의 세포가 아주 싱싱해진 느낌이었다. 혈액과 체액이 뇌와 감각기관이 있는 머리로 지상에 있을 때보다 더 많이 몰리기 때문에 이런 영향을 가져온다고 생각되었다.

무중력상태는 배설에도 많은 어려움을 안겨주었다. 화장실에 들어가면 좀 고통스러웠다. 우주에서는 변비 때문에 고생하는 분들도 있지만, 소변도 지상에서는 중력 때문에 저절로 아래로 흘러내리게 되지만, 우주에서는 힘을 주어 밀어내듯 하지 않으면 안 되기 때문이다.

무중력상태에서는 위의 모양도 달라지는 것 같았다. 갓난애의 위가 원통형이므로 트림을 시키지 않으면 토해낸다고 하는데 그와 마찬가지로 음식을 먹은 다음 배를 구부리면 음식물이 거꾸로 올라오는 것 같은 느낌이 들어 기분이 좋지 않았다. 아마도 위장의 모양도 변하고 위장이 음식물을 소화시키기 위해 움직일 때 음식물도 아래에 가만히 있거나 아래로 움직이는 것이 아니라 위쪽으로도 움직이니까 이러한 현상이 생기는 것 같았다.

무중력상태에서의 8일간의 경험은 아마도 평생 잊지 못할 것 같다.

어려운 것도 많았고 재미있는 것도 많았지만 이 세상의 누구나 쉽게 경험해볼 수 없는 세계이니까 정말 귀중하고 소중했던 시간이다. 왜 우주인이 되어 자꾸 우주로 올라오려고 하는지 이해가 되었다.

귀환

나는 지구로의 귀환을 위해 같이 있었던 우주비행사들과 기념 촬영을 하고 선물을 교환하고 소유스 TMA 우주선으로 옮겨 탔는데, 귀환할 우주선은 우리보다 먼저 이곳에 왔던 우주비행사들이 타고 올라온 것이었다. 선장은 우주정거장 근무를 교대하고 귀환하는 러시아 우주비행사이고, 비행기관사는 미국인 우주비행사였다. 지구로의 귀환은 발사 시보다 훨씬 더 극적일 것으로 생각되었다. 400킬로미터 위에서 지구로 떨어지는 것이니까.

마지막으로 화장실에 다녀온 우주비행사들은 우주복을 입고 귀환캡슐에 옮겨 탄 후 해치문을 닫고 각 시스템을 점검했다. 우주정거장에서 분리된 후 소유스 우주선은 도킹 구멍의 손상 여부를 확인하기 위해 정거장의 주위를 선회하였다. 반동조종시스템의 추진기가 점화되자 소유스는 우주정거장으로부터 부드럽게 멀어졌다. 약 3시간 후에 지구 재진입을 개시하기 위해 선장이 수동으로 주 추진시스템을 점화했다.

착륙하기 26분 전에 궤도 모듈과 추진 모듈을 분리시켰다. 이제부터는 세 명의 우주인이 탑승한 귀환캡슐만이 지구를 향해 떨어지기 시작하는 것이다. 나는 귀환캡슐이 대기권에 진입할 때 '탕' 하고 충돌할 것으로 예상했지만 충격은 아주 가벼웠으며 아주 완만하게 시작했다.

귀환캡슐은 상층대기권에 마하 24(음속의 24배)의 속도로 진입하

대형 낙하산을 펴고 착륙하고 있다.
(사진 러시아 우주청)

였다. 캡슐의 바닥이 가열되기 시작하자 외부에 플라스마 가스가 발생되며 캡슐을 뒤덮기 시작했다. 하늘은 갈색처럼 보이다가 오렌지색 그리고 노란색으로 변했다. 캡슐의 바닥은 계속 타고 있었다. 캡슐은 대기와 세차게 충돌했으며 소리는 대단히 컸다. 가속도가 4, 5G까지 걸리자 창문 밖이 어두워지는 것을 느꼈다.

캡슐의 외부는 백열광색의 빛이 좀 옅어졌다. 창문의 차폐장치는 떨어져 나가버렸으며 용해된 캡슐의 창문틀은 벗겨져 떨어졌다. 속도에 대한 감각은 없었으나 매우 무거운 중량감을 느끼기 시작했으며, 캡슐이 대기권에 진입한 이래 처음으로 압박을 느꼈다.

착륙 15분 전에 지름 5.5미터짜리 감속용 보조 낙하산 두 개를 펼쳐 낙하속도를 초속 250미터에서 80미터로 대폭 줄였으며, 5분 뒤에는

착륙 후 우주선에서 나와 휴식을 취하고 있다. (사진 러시아 우주청)

지름 36미터의 초대형 낙하산을 펼쳐 낙하속도를 초속 7.3미터로 줄였다. 낙하산이 펴질 때의 느낌을 예상했지만 강력한 측방 운동은 아니었으며, 낙하산의 특이한 열림 과정 때문에 앞뒤로 다섯 번 정도 흔들리며 또한 회전한 후에 안정되어 똑바로 내려가는 것 같았다.

소유스 캡슐이 카자흐스탄의 초원에 가까워지자 캡슐의 아래에 붙어 있는 고체 연료로켓 6개가 작동되어 낙하속도를 초속 2미터 이하로 감속시켰다. 우주비행사들은 착륙에 대비해 긴장했으나 착륙한지도 모르게 살며시 착륙하였다. 그동안 러시아에서 많이 개량했다더니 소유스 TMA 우주선은 정말 안전하고 편안한 최신형 우주선이었다.

해치문이 열리고 우리들은 지구의 신선한 공기를 마음껏 들이마시며 초목지대인 카자흐스탄의 풀향기도 맡을 수 있었다. 드디어 지구에 무사히 다시 돌아왔다는 생각에 감사기도가 절로 나왔다. 잠시 후 달려온 지상요원들에 의해 캡슐은 바로 세워졌다. 나는 러시아 선장과 미국인 우주비행사가 캡슐에서 내리는 동안 비행일지를 갖고 있었는데 생각보다는 무거웠다.

나는 캡슐의 상부 해치문을 통해 밖으로 나와서는 해치문 틀에 잠시 동안 앉아 주변의 광활한 초원을 둘러보았다. 역시 내 고향 지구가 좋다는 생각이 들었다. 잠시 후 항공우주연구원장이 달려와 수고 많았다는 말과 함께 꽃다발을 주었다. 나는 낙하산이 달린 캡슐의 바깥쪽으로 땅에 내렸으며, 내가 우주비행 훈련을 받기 시작했던 스타시티로 돌아가기에 앞서 신체 검사를 하기 위해 헬리콥터를 타고 발사장으로 돌아갔다. 그곳에는 많은 관계자와 언론인과 항공우주연구원의 과학자들이 환호하며 나를 기다리고 있었다.

나는 어려서부터 꿈에 그리던 우주인이 되어 드디어 우주비행을 하였다. 한국에 돌아가면 국민들과 학생들이 우주개발과 과학기술에 많은 흥미와 관심을 갖게 하고, 과학기술자들의 중요성을 알리기 위해 나의 놀라운 우주비행 경험을 이야기하겠다는 다짐을 하였다.

네 번째 여행 우주왕복선

우주선이자 비행기

날개 달린 우주비행기

불꽃에 사라져버린 꿈

우주 나들이

민간 우주선

우주선이자 비행기

미국의 우주왕복선

"1960년대 안에 인간을 달에 보내겠다"는 케네디 대통령의 발표에 따라 미국의 우주개발 계획은 계속 확대되었고, 거기에 들어가는 돈도 하늘 높은 줄 모르고 늘어났다.

달 탐험 계획인 아폴로 계획에 투입된 예산이 1969년까지 255억 9840만 달러였다. 이것은 당시 한국 돈으로는 7조 4306억 2000만 원에 달하는 액수로, 당시 우리 나라 예산의 23배에 해당하는 어마어마한 규모였다.

당시 미국과 러시아의 우주개발 경쟁, 즉 누가 먼저 달에 사람을 보내어 탐험하느냐 하는 것은 경쟁이라기보다 전쟁이었다. 전쟁을 치르는 데 예산 제한이 있을 수 없었다. 미국과 러시아는 모든 국력을 쏟아부어 서로 달 탐험 전쟁을 벌인 것이다.

1969년 7월 16일 발사된 미국의 아폴로 11호가 4일 뒤인 7월 20일 오후 8시 17분 40초에 달에 도착함으로써 미국과 러시아의 치열한 우주개발 경쟁은 미국의 승리로 끝났다. 그 뒤 아폴로 계획은 예정대로 진행되었고 아폴로 17호까지 계속해서 달 탐험을 했다.

아폴로 계획이 성공적으로 마무리되어갈 즈음 미국의 우주개발에 참여했던 과학자와 기술자들에게 큰 고민거리가 생겼다. 그것은 다름 아니라 미국 정부와 국민들이 아폴로 계획 이후에도 지금까지와 같이 적극적으로 우주개발을 밀어줄 것이냐 하는 점이었다.

아폴로 11호가 달로 탐험을 떠날 때 미국은 역사상 최대의 축제 분위기에 사로잡혔다. 특히 아폴로 11호가 발사되는 케이프케네디 우주센터에는 수백만 명이 역사적인 순간을 보려고 모여 있었다.

이들 중에는 흑인을 비롯한 많은 가난한 사람들과 우주개발을 낭비라고 생각하는 사람들이 모여 며칠째 시위를 했다. 그들의 주장은 "우주개발에 사용할 돈을 가난한 사람들을 위해서 사용하라"는 것이었다.

미국 정부와 우주 과학자들은 아폴로 계획처럼 낭비가 심한 우주개발 계획을 계속해야 하는지 심각히 고려했다.

'어떻게 하면 경제적인 우주개발을 할 수 있을까?'

이와 같은 고민 결과 나온 아이디어가 바로 스페이스 셔틀(Space Shuttle), 즉 우주왕복선이다.

닉슨 대통령 때 시작된 우주왕복선

미국의 우주왕복선 계획은 1972년 1월 5일 닉슨 대통령의 승인을 받아 시작되었다. 이 계획은 당시 한 번밖에 사용할 수 없었던 우주 발사 로켓과 우주선을 가능한 한 여러 번 사용하자는 것이 그 목표였다.

아폴로 우주선의 경우 111미터 높이의 로켓과 우주선 중에서 임무를 끝내고 지구로 되돌아오는 것은 높이 3미터, 지름 4미터의 원뿔형 캡슐뿐이며, 이 캡슐 역시 다시 사용하지는 않았으므로 100퍼센트 1

회용 소모품이었다. 가격 역시 4억 달러 이상으로 무척 비쌌다.

당시 여러 종류의 경제적이고 과학적인 우주왕복선에 대한 아이디어가 나왔으나, 지금과 같은 형태로 결정된 것은 1972년이 되어서였다. 1977년 초 첫 번째 우주왕복선이 완성되어 몇 년에 걸쳐 각종 실험을 한 뒤, 1982년 4월 12일 오전 7시에 케이프케네디 우주센터에서 발사했다. 드디어 우주왕복선 시대가 개막된 것이다.

원조는 X-15 로켓 비행기

미국 우주왕복선의 시초는 1959년 미국 공군이 개발 계획을 세운 X-15 로켓 비행기다. X-15 로켓 비행기는 길이 15.24미터, 날개폭 6.1

1963년 8월 22일 최고 107킬로미터까지 상승한 후 착륙한 X-15 로켓 비행기는 우주왕복선의 시초였고, 최근 민간에서 개발해 100킬로미터까지 상승하는 데 성공한 스페이스십 1에 비행원리를 제공하였다. (사진 NASA)

B-52에서 분리되어 비행하는 X-15 로켓 비행기(사진 NASA)

미터인 실험용 비행기로, 추진기관은 액체 추진제 로켓엔진을 사용했다. 추진제는 연료로 암모니아를, 산화제로 액체산소를 사용했다.

X-15 로켓 비행기는 B-52 비행기 날개 밑에 달려 높이 올라간 다음 B-52로부터 떨어져 로켓엔진을 이용하여 계속 비행했다.

1963년 8월 22일에 실시한 비행 시험에서는 최고 107킬로미터까지 상승하는 기록을 세우기도 했고, 1968년 말에는 시속 8780킬로미터로 비행해 음속의 7배가 넘는 속도로 날아가는 기록을 세우기도 했다.

미국 공군은 X-15의 뒤를 이어 궤도 비행도 할 수 있는 X-20 로켓 비행기를 계획했으나 취소하고 말았다. 아마도 아폴로 계획에 영향을 줄 것 같아 그런 것 같다.

미국 공군과 항공우주국은 계속해서 몸체 자체로 부력을 일으키도록 설계한 날개 없는 비행체를 만드는 X-24라는 계획을 세웠다. 그리고 이 실험은 성공적이었다.

미국 공군의 우주왕복선 계획은 취소되었지만 당시 실시한 많은 시험들이 훗날 우주왕복선 개발 계획에 커다란 도움을 주었다. 우주왕복

1981년 4월 12일 첫 비행을 위하여 케이프케네디 우주센터를 출발하는 우주왕복선(사진 NASA)

선 설계 및 제작도 X-15 로켓 비행기를 설계하고 제작한 항공 회사가 맡았다.

궤도에서는 우주선, 귀환할 때는 비행기

인간은 오래전부터 새처럼 하늘을 날고 싶어했고, 이러한 욕망은 많은 노력 끝에 비행기를 탄생시켰다. 그리고 비행기가 일반화되어 쉽게 이용하게 되면서, 우주여행도 비행기를 탄 것처럼 편하게 할 수 있기를 바라게 되었다.

우주왕복선은 이렇듯 비행기를 타고 우주를 여행하길 바라는 인류의 꿈을 만족시키는 우주비행기다. 우주왕복선은 지금까지 인공위성이나 우주선을 발사할 때처럼 수직으로 발사되어 지구궤도에 올라간 후 궤도를 돌다가 비행기처럼 지구로 내려와서 활주로에 착륙하기 때문이다. 즉 우주에서 지상으로 내려오는 과정만은 지금의 항공기와 같다.

그동안 미국은 우주비행사 한 명이 탑승하는 머큐리 계획에서 두 명이 탑승하는 제미니 계획, 세 명이 탑승하는 아폴로 계획에 이르기까지, 모두 지상에서 수직으로 발사하여 비행을 한 뒤 지구로 돌아올 때는 돌덩이가 하늘에서 뚝 떨어지듯 낙하산을 펴고 바다에 떨어지는 방식을 사용했다.

나는 우주비행의 경험은 없지만 로켓을 타고 우주로 나갈 때와 낙하산을 타고 바다로 돌아올 때를 비교해보면, 올라갈 때보다는 내려올 때가 훨씬 더 무서울 것 같다. 우주에서 지구로 내려올 때 돌이 떨어지듯 낙하하는 것보다는 비행기처럼 활강하여 내려오는 것이 훨씬 더 편안할 것이다.

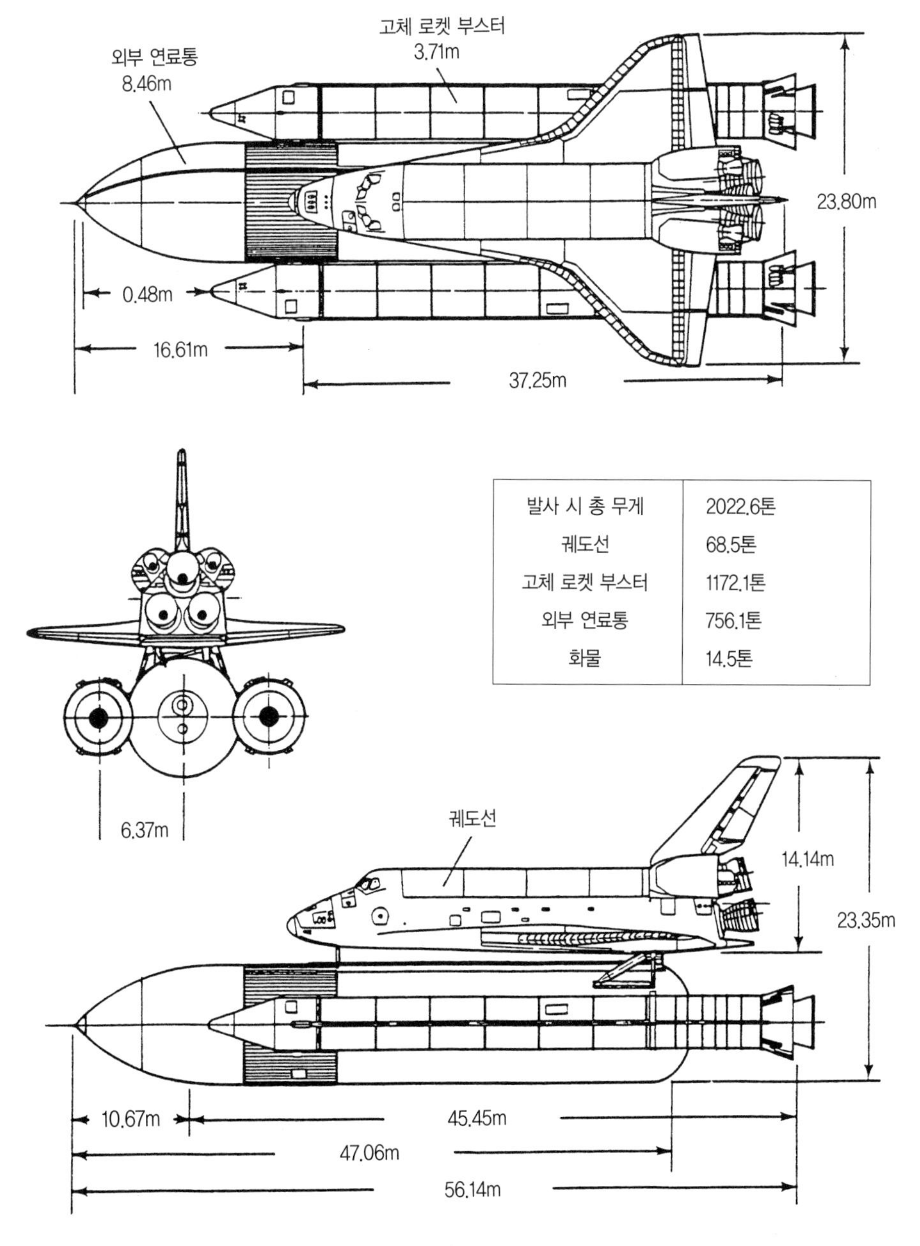

발사 시 총 무게	2022.6톤
궤도선	68.5톤
고체 로켓 부스터	1172.1톤
외부 연료통	756.1톤
화물	14.5톤

미국 우주왕복선의 제원(그림 NASA)

우주왕복선의 구조

우주왕복선은 비행기처럼 생긴 궤도선(orbiter)과 외부 탱크 그리고 두 개의 추력 보강용 고체 추진제 로켓으로 구성되어 있다.

궤도선은 길이 37.24미터, 높이 17.25미터, 날개폭 24미터다. 무게는 72톤이며, 전후방 자세 제어용 연료를 채웠을 때는 84톤으로 늘어난다. 짐을 싣는 화물칸의 길이는 18.3미터, 지름은 4.6미터다. 발사 때는 27.2톤의 짐을 싣고 우주로 갈 수 있으며, 지구로 돌아올 때는 14.5톤의 화물만 실을 수 있다.

비행기처럼 생긴 궤도선 앞부분에는 승무원이 탑승하는데, 열 명까지 탑승할 수 있도록 설계되어 있으나, 보통 일곱 명이 탑승한다. 승무원은 조종사 한 명, 선장 한 명, 비행 임무 전문가 한 명, 탑재물 전문가 한 명, 기타 세 명의 승객이나 기술자가 탑승한다.

2층 구조의 승무원실

승무원실은 2층 구조로 되어 있는데 위층(창이 있는 곳)은 비행조종실로, 우주왕복선의 궤도 비행, 대기권 재진입, 화물칸의 화물 이동, 착륙 등을 제어할 수 있는 각종 계기판들이 놓여 있으며, 일반 여객기와 비슷한 모양을 하고 있다. 발사할 때와 지구에 재돌입할 때 이곳에는 네 명이 탑승하며 나머지 인원은 아래층에 탑승한다.

아래층에는 화장실, 침실, 식당 및 조리시설, 그리고 각종 창고가 있다. 승무원실의 공기는 질소와 산소를 혼합해 지상과 똑같은 대기압으로 만들어놓았기 때문에, 승무원들은 우주복을 입지 않고도 지낼 수 있다.

우주왕복선에서 필요한 전기는 연료전지에서 공급한다. 연료전지는 액체산소와 액체수소를 이용하기 때문에 전기와 함께 물도 생산하며,

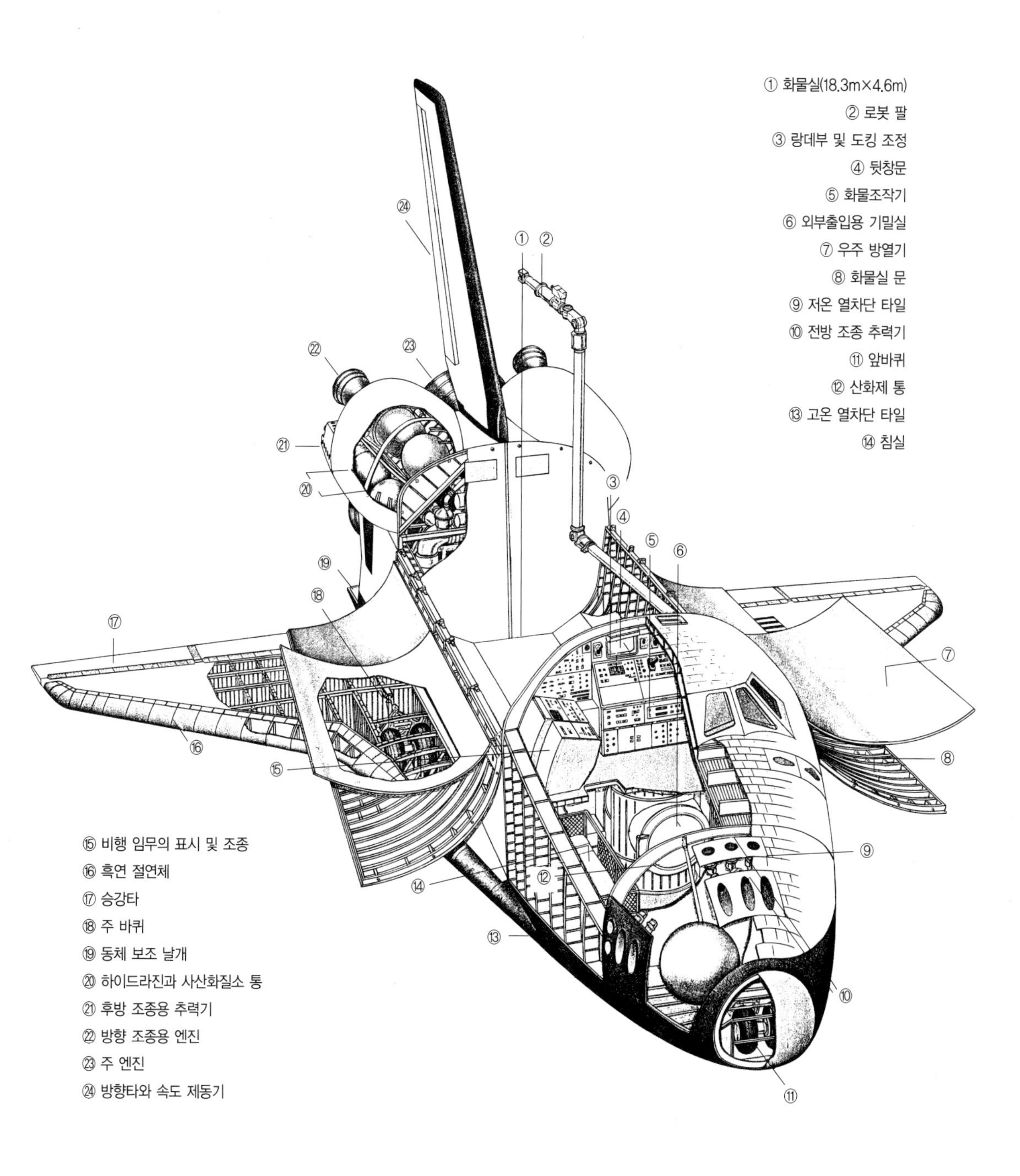

비행기처럼 생긴 궤도선의 구조(그림 NASA)

액체산소와 액체수소를 추진제로 사용하는 우주왕복선 주 엔진(SSME). 하나의 추력은 170톤이고, 우주왕복선에는 꽁무니에 로켓엔진이 세 개 장착되어 있다. (사진 채연석)

이 물은 승무원들의 식수나 화장실용으로 쓰인다.

궤도선 뒷부분에는 주 엔진이 세 개 부착되어 있다.

세 개로 구성된 주 엔진

주 엔진은 우주왕복선이 발사될 때 외부 탱크에 채워져 있는 추진제(액체산소와 액체수소)를 이용해 밀어 올리는 힘을 만드는 곳이다. 각 엔진의 추력은 170톤으로, 세 개의 엔진에서 발생하는 총 추력은 510톤이다. 한 번 발사할 때 주 엔진이 작동하는 시간은 8분 30초이며, 엔진은 7.5시간 연속 작동할 수 있도록 설계되었다.

주 엔진을 외부 탱크와 분리해 궤도선에 부착한 이유는, 외부 탱크는 한 번만 사용하고 버리지만 값이 비싼 주 엔진은 궤도선에 부착하여 여러 번 사용하기 위해서다.

주 엔진은 길이 4.2미터, 노즐 출구의 최대 지름 2.4미터, 무게 3.2

미국 앨라배마 주 헌츠빌의 마셜 우주센터에서 우주왕복선의 주 엔진(SSME) 지상 연소 시험을 진행하는 모습(사진 NASA)

톤이다. 우주왕복선이 우주로 발사되어 궤도에 진입하기까지 8분 30초 동안 사용하는 추진제의 양을 계산해보면, 산화제인 액체산소가 604톤, 연료인 액체수소가 101톤 정도 필요하다.

발사 추진제 외부 탱크

궤도선 배에 붙어 있는 큰 통이 외부 탱크다. 이것이 우주왕복선이 지구궤도로 올라가는 데 필요한 힘을 만들기 위해 주 엔진에 공급할 액체산소와 액체수소를 저장하는 추진제 통인 셈이다.

전체 길이는 47미터, 지름 8.4미터며, 추진제를 넣었을 때 전체 무

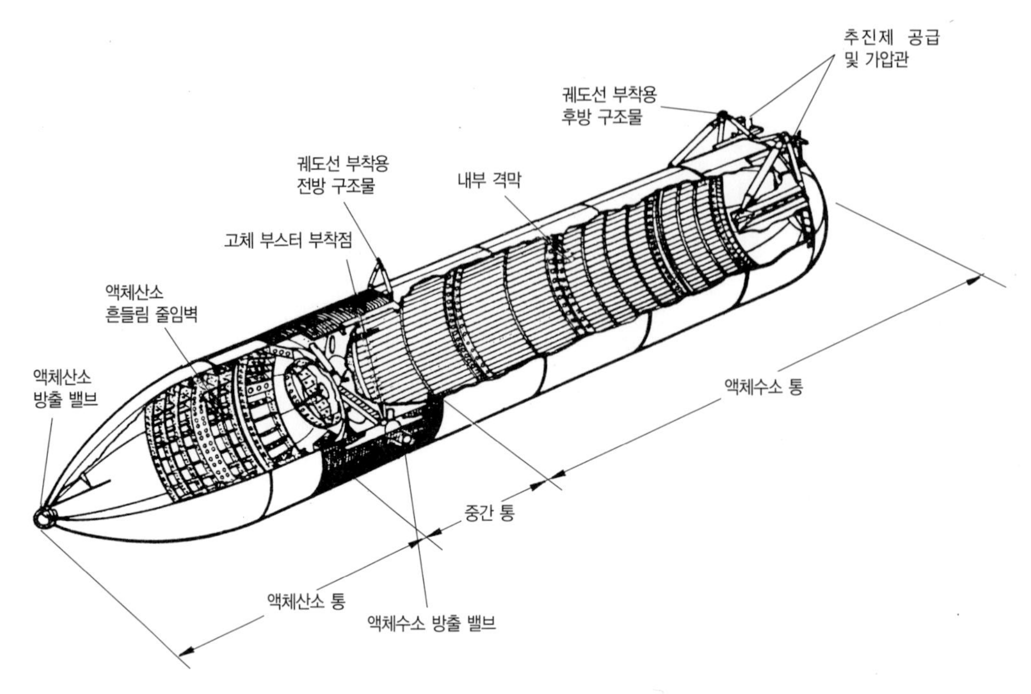

우주왕복선의 외부 추진제 통 구조(그림 NASA)

게가 743톤에 이를 정도로 거대한 크기다.

외부 탱크는 크게 두 개의 통으로 구성되어 있다. 윗부분에 액체산소를 넣는 작은 통이 있고, 아랫부분에 액체수소를 넣는 큰 통이 있다. 액체수소는 밀도가 아주 낮기 때문에 아래 통의 부피가 위 통의 부피보다 세 배 가까이 크지만, 추진제 무게는 오히려 액체산소가 액체수소보다 여섯 배나 많이 나간다.

외부 탱크 표면은 열이 잘 전달되지 않는 절연 재료인 폴리우레탄 폼을 분무기로 뿜어 입힌다.

추력 보강용 로켓, SRB

우주왕복선의 외부 탱크 옆에는 두 개의 추력 보강용 고체 추진제 로켓이 부착되어 있다.

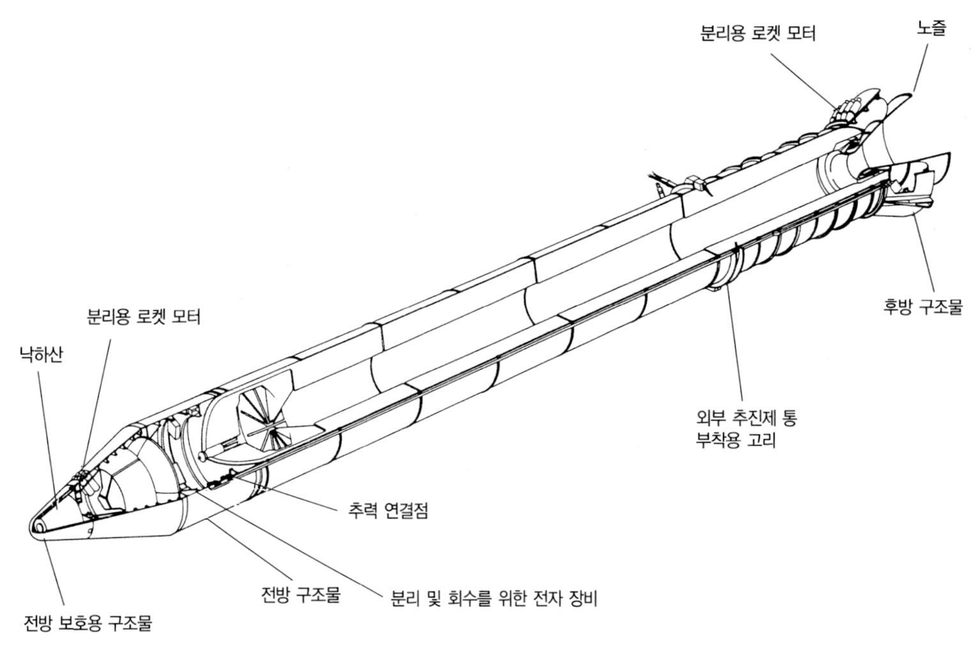

우주왕복선의 추력 보강용 고체 추진제 로켓 구조(그림 NASA)

보강용 로켓 SRB는 길이 45.5미터, 지름 3.7미터의 원통형 구조물인데, 속에는 고체 추진제가 채워져 있다. 아래에는 노즐이 있으며 위쪽 끝의 원뿔 안에는 회수용 낙하산과 외부 탱크에서 분리할 때 사용되는 분리용 소형 로켓 네 개가 장착되어 있다. SRB 하나의 무게는 586.5톤이며, 추력은 1201.8톤이다.

우주왕복선의 추력 보강용 로켓 SRB는 지금까지 제작된 고체 추진제 로켓 모터(추진기관) 중 가장 큰 로켓이며, 특히 재사용할 수 있도록 설계된 것이 특징이다.

추력 보강용 로켓은 너무 커서 고체 추진제를 모터 케이스에 채우는 데 어려움이 많기 때문에, 모터 케이스를 네 토막으로 만들고 여기에 고체 추진제를 채워 발사장으로 이동한 후 현장에서 조립해 사용한다.

값이 싼 고체 추진제

그동안 미국과 러시아에서는 유인우주선을 발사할 때 고체 추진제 로켓을 사용하지 않았다. 러시아에서는 아직도 사용하지 않고 있지만, 로켓이 대형화되면서 값이 비싸지자 미국은 제작 가격이 저렴한 고체 추진제 로켓을 우주왕복선에 쓰기 시작했다. 1986년 1월 28일에 발생한 우주왕복선 챌린저호 폭발 사건은 이 고체 추진제 로켓의 재사용 및 모터 케이스를 네 토막으로 나누어 조립하는 연결 부분에 문제가 있었기 때문이다.

우주선을 지상에서 발사할 때는 초기에 많은 힘이 필요하다. 때문에 추력 보강용 고체 추진제 로켓을 이용하여 추력을 많이 끌어올리는 것이다.

초대형 빌딩 안 이동 발사대에서 조립

미국의 우주왕복선은 어디에서 조립하며 어떤 방법으로 발사장까지 운반할까? 또 우주왕복선을 발사하기까지 어떻게 준비하며 발사 후에는 어떻게 비행할까?

케이프케네디 우주 발사장의 39A와 39B 발사대에서 우주왕복선을 발사하는데, 이곳은 한때 달 탐험용 아폴로 우주선을 새턴 5 로켓에 실어 발사하던 곳이다.

우주왕복선을 조립, 발사할 때는 아폴로 달 탐험선 때 사용한 많은 시설들을 개조해 사용한다. 우주왕복선 조립은 발사대인 39A와 39B에서 각각 5.5킬로미터와 6.8킬로미터 떨어진 곳에 있는 발사체 조립 빌딩에서 이루어진다. 이 빌딩 역시 높이 111미터나 되는 새턴 로켓을 조립하기 위해 지어진 것인데, 높이 160미터, 가로 158미터, 세로 218미터로 단일 건물로는 세계에서 가장 큰 건물이다. 이 건물은 이동식 발사대가 최대 네 대까지 들어가 이 위에 발사할 로켓을 조립할 수 있

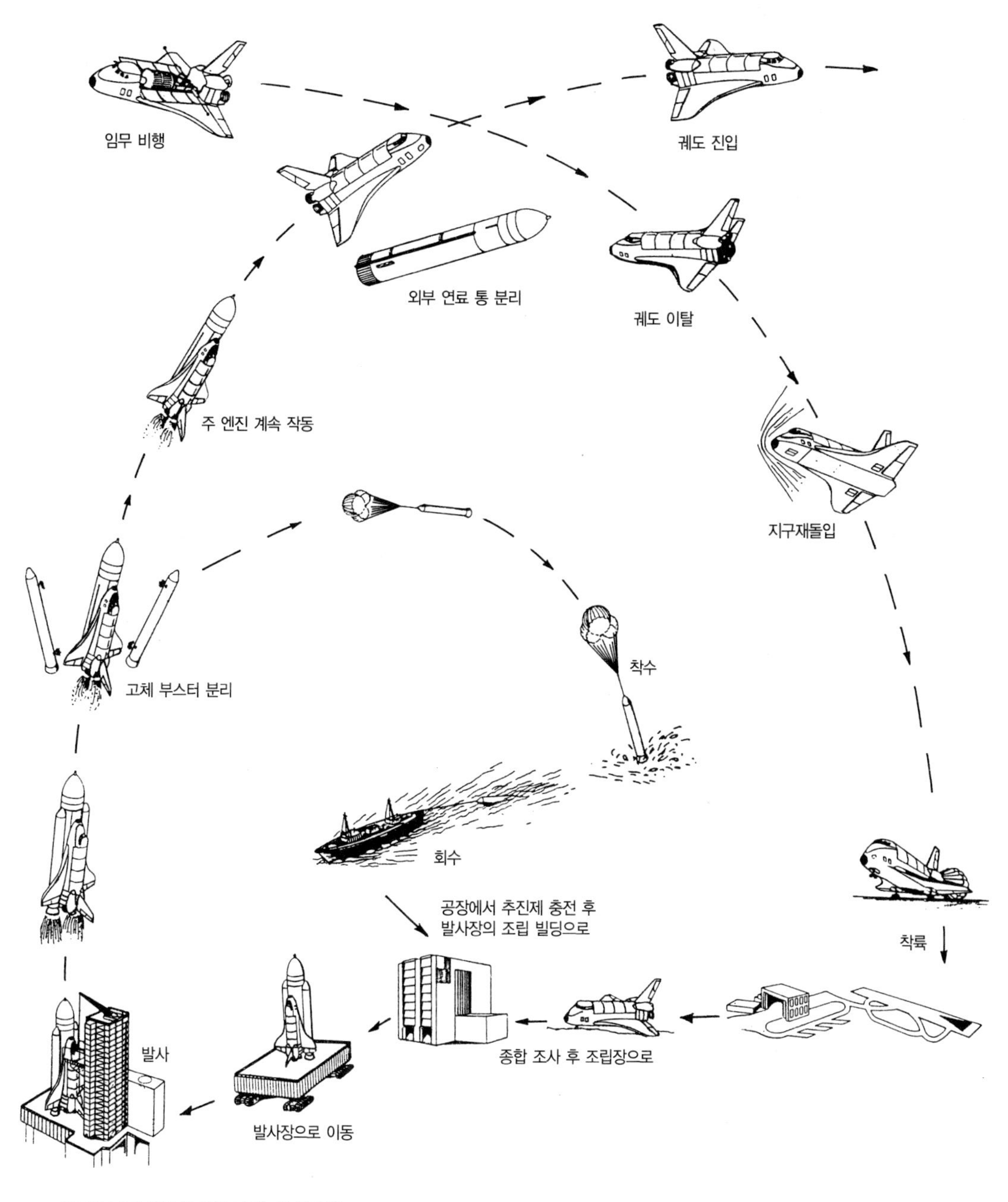

우주왕복선의 발사 및 귀환 과정(그림 채연석)

우주 발사체 조립빌딩(VAB)에서 조립이 끝난 후 이동차량에 실려 발사장으로 이동하는 우주왕복선(사진 NASA)

도록 설계되어 있지만, 현재 이동식 발사대가 두 대밖에 없기 때문에 동시에 두 대의 우주왕복선을 조립할 수 있다.

발사장까지 무려 네 시간 걸려 이동

이 이동식 발사대 역시 아폴로 계획 때 새턴 5 로켓을 조립해 발사할 때 사용하던 것을 개조한 것으로 무게는 300톤, 길이 39.9미터의 대형 트레일러다. 여덟 개의 대형 무한궤도(탱크 바퀴처럼 생긴 것)가 설치되어 있으며 이동 속도는 시속 1.6킬로미터로 사람이 걷는 속도보다도 느리다.

케이프케네디의 발사체 조립빌딩 안에 있는 이동식 발사대에서 두 개의 고체 추진제 부스터와 우주왕복선을 조립하면, 이동식 발사대는 우주왕복선을 싣고 발사체 조립빌딩에서 39A나 39B 발사장으로 네 시간에 걸쳐 이동한다.

우주왕복선을 탑재한 이동식 발사대가 발사장(39A나 39B)에 도착하면, 이동식 발사대와 우주왕복선 주위에 서비스 탑을 조립한다.

서비스 탑은 크게 고정 서비스 구조물과 회전 서비스 구조물로 나뉘어 있다. 고정 서비스 구조물에는 우주비행사가 우주왕복선에 탑승할 때 사용하는 승강기와 흰색 방이 있으며, 액체산소와 액체수소를 추진제 탱크에 공급할 때 사용하는 추진제 공급 파이프, 기중기 등이 설치되어 있다.

발사 한 시간 5분 전 탑승 완료

회전 서비스 구조물은 왕복선 뒤에 붙어서 화물칸에 짐을 실을 때 사용하는 것으로 먼지가 없는 청정실로 구성되어 있다.

발사 다섯 시간 전 우주비행사들은 일어나 우주복을 입고 아침식사를 한다. 그러고 나서 각종 준비물을 챙긴 후 밖에서 기다리고 있는 우주비행사 전용 소형 버스에 탑승하여, 발사 준비를 끝내고 우주비행사들을 기다리고 있는 39번 발사대로 향한다.

39번 발사대에 대기하고 있던 기술자들은 우주비행사들을 승강기로 안내하여 발사 한 시간 5분 전에 우주왕복선의 승무원실에 한 사람씩 탑승시킨다.

비행사들이 탑승하기 직전인 발사 네 시간 30분 전에는 우주왕복선의 외부 연료탱크(ET)에 액체산소를, 그리고 두 시간 50분 전에는 액체수소를 충전한다. 액체산소와 액체수소를 충전하는 일은 위험하기 때문에 조심스럽게 취급하고, 충전이 끝난 뒤에야 우주비행사들을 탑승시키는 것이다.

발사할 때 우주왕복선이 하늘을 향해 세워져 있으므로 우주비행사들도 자연히 하늘을 쳐다보며 앉게 된다. 이 자세는 우주선이 발사될 때 우주비행사들이 받는 가속도를 가장 잘 견딜 수 있는 자세다.

발사 후 3초가 지나야 출발

발사 30분 전이면 서비스 탑에 남아 있던 발사 준비 기술자들이 5킬로미터 밖으로 철수하기 때문에, 우주왕복선에 탑승한 우주비행사 외에는 전부 안전지대로 대피한 상태다.

발사 20분 전에 비행 프로그램을 우주왕복선의 컴퓨터에 입력하고, 발사 9분 전에 기상 등 발사에 관련된 자료를 마지막으로 검토하여 발사를 최종적으로 결정한다. 발사가 결정되면, 7분 전에 서비스 탑과 우주왕복선의 연결 통로를 이동시킨다.

발사 5분 전에는 각종 엔진 조절용 유압 계통을 점검한 후, 이상이 없으면 지상에서 우주왕복선에 공급하던 전원을 끊고 우주왕복선 자체 전력을 이용하도록 한다.

발사 3초 전, 주 엔진 세 개가 작동되며, 발사 2초 전에는 두 개의 거대한 추력 보강용 고체 추진제 로켓을 점화한다.

세 개의 주 엔진과 두 개의 추력 보강용 로켓이 정상적으로 작동하여 정상 추력의 90퍼센트 정도가 발생되면 그때까지 발사대에 묶여 있던 우주왕복선은 발사대를 떠나 수직 상승하기 시작한다.

바다에 떨어뜨린 SRB는 회수해서 재사용

발사 2분 후 두 개의 추력 보강용 고체 추진제 로켓을 분리한다. 분리는 고도 45킬로미터 지점에서 이루어지며, 분리된 로켓은 케이프케네디 우주센터에서 220킬로미터 떨어진 대서양의 정해진 지점에 낙하한다. 대서양에 낙하산을 펴고 떨어진 두 개의 추력 보강용 로켓 껍데기는 근처에 대기하고 있던 배가 회수하여 발사장으로 끌고 온다. 그 후 공장으로 운반하여 수리하고 추진제를 다시 충전하여 재사용한다.

발사 8분 33초 후, 세 개의 주 엔진은 연소를 완료한다. 이때 우주왕복선의 위치는 지상 110킬로미터 지점이다. 다시 18초 후 외부 연료

탱크를 왕복선에서 분리한다.

발사 후 10분 34초와 45분 50초에 궤도 조종용 로켓을 점화하여 지상 276킬로미터의 원궤도에 진입한다.

발사 한 시간 후부터 우주비행사들은 우주복을 벗고 우주왕복선에서 일을 시작한다. 우주왕복선이 지구궤도에 있을 때는 지구에서 보았을 때 거꾸로 비행하는 것처럼 보인다. 지구를 쳐다보고 각종 통신을 하면서 비행하려면 이렇게 해야 하기 때문이다.

지구궤도에서 지상으로 되돌아오기까지

우주왕복선이 지구궤도에서 각종 임무를 끝내고 지구로 돌아오는 과정을 살펴보자.

착륙 한 시간 전 궤도 조정용 로켓을 역분사해 속도를 떨어뜨리며 하강한다. 30초 후 대기권에 진입한다. 날개 끝 부분의 온도는 섭씨 1430도까지 올라간다. 이때 지상과는 통신이 끊어진다.

대기권에 진입한 우주왕복선은 초음속이지만 S자 비행으로 계속 속도를 떨어뜨리며 하강하다가 활주로에 가까이 와서 180도 선회하여 속도를 시속 500킬로미터까지 떨어뜨린다.

활주로에 착륙할 때 속도는 시속 342~364킬로미터 정도인데, 우주왕복선과 비슷한 크기의 여객기인 DC-9는 시속 240킬로미터로 착륙한다.

우주왕복선이 지상에 착륙하면 지상 정비반이 가까이 접근하여 왕복선 주위에 묻어 있을지도 모르는 유해 가스를 거대한 송풍기로 제거한다. 그런 다음 냉각 장치를 선체에 연결, 지구에 진입할 때 가열된 선체의 중요한 부분을 냉각시킨다. 물론 승무원실과 전자 장비실도 냉각시킨다.

연료전지에 남아 있는 액체산소와 액체수소도 제거한 후 정비 공장으로 가서 재사용을 위한 정밀 검사와 수리를 한다.

날개 달린 우주비행기

러시아의 '부란'

미국이 우주왕복선 제작에 열을 올릴 즈음 러시아도 비슷한 형태의 왕복선을 개발하고 있다는 사실이 밝혀졌다. 러시아의 우주로켓 발사장인 바이코누르 기지 근처에 큰 활주로를 건설하는 장면이 미국의 정찰 위성에 찍혀 그 증거가 포착된 것이다. 우주왕복선의 착륙용 활주로를 발사장 근처에 건설하는 이유는 왕복선을 재발사하기에 편리하기 때문이다. 러시아는 이 같은 사실을 비밀에 부친 채 개발 작업에 몰두하고 있었다.

소형 우주왕복선

1978년 러시아는 날개 달린 우주비행기를 개발하고 있다고 발표했다. 당시 미국은 첫 번째 우주왕복선을 완성하여 각종 기초 비행 실험을 하고 있을 때였다.

1984년 인도양에서 러시아 해군이 소형 우주왕복선을 회수하고 있는 모습. 호주 해군 촬영(사진 러시아 우주청)

1983년 3월에는 인도양에서 러시아 해군이 소형 우주왕복선을 회수하는 장면을 호주 공군이 촬영하는 데 성공함으로써, 러시아의 우주왕복선 개발 계획이 서방세계에 알려졌다.

이 소형 우주왕복선은 길이 8~9미터, 날개폭 6~7미터 정도 되는 것으로 미국 공군에서 실험한 X-24와 비슷한 종류였다.

1987년 5월 15일 러시아는 '에네르기아' 라는 이름의 초대형 로켓을 발사하는 데 성공했다.

에네르기아

우주왕복선을 개발한 러시아는 이를 발사하기 위한 대형 로켓이 필요했다. 그것이 바로 에네르기아였다.

에네르기아 우주로켓 조립공장(사진 Space Co. Energia)

이 로켓은 1단 로켓을 중심으로 네 개의 추력 보강용 부스터가 부착되어 있는 형태였다. 중심에 있는 제1단 로켓의 추진제 통은 지름 8미터, 길이 55미터짜리 거대한 원통인데 두 부분으로 구성되어 있다. 위쪽에는 600톤의 액체산소가 채워지며, 아래쪽에는 액체수소 103톤이 채워져, 발사 때 총 무게는 790톤이나 된다.

추진제 통 아래에는 네 개의 RD-0120 엔진이 부착되어 있다. 한 개의 RD-0120 엔진은 800톤의 추력을 내므로 모두 3200톤의 추력을

높이 60미터, 총 무게 2206톤의 거대한 에네르기아 로켓이 발사를 기다리고 있다. (사진 Space Co. Energia)

450초 동안 만들어낸다.

제1단 로켓 주위에 붙어 있는 네 개의 추력 보강용 로켓은 제니트(Zenit)라는 우주 발사체의 1단 로켓을 개량한 것으로 전체 높이는 40미터, 지름은 4미터다. 추진제는 액체산소 222톤과 케로신 86톤을 사용하며, 발사 때 총 무게는 354톤이다. 엔진은 RD-170을 사용하는데 추력은 806톤이다.

에네르기아는 발사 때 총 무게가 2206톤, 부스터의 총 추력이 3224

에네르기아 우주로켓의 추력 보강용 로켓에 사용된 RD-170 엔진. 추력은 806톤이다. (사진 러시아 우주청)

톤이나 되는 거대한 로켓이다. 이 로켓은 88톤짜리 인공위성을 고도 200킬로미터의 지구 저궤도에 올릴 수 있는 성능을 갖추었다.

에네르기아의 발사 성공은 러시아가 곧 우주왕복선 발사 실험에 들어갈 것임을 암시하는 것이었다.

미국의 우주항공 주간지인 『항공과 우주 주간*Aviation & Space Weekly*』 1988년 3월 28일자에는 러시아의 우주왕복선에 대한 자세한 예측 설계도가 실렸다. 나중에 러시아가 발표한 우주왕복선 사진과 비교해보면 미국 정보의 정확성에 감탄하지 않을 수 없다.

에네르기아 우주로켓 조립공장(사진 Space Co. Energia)

1988년, 부란 발사

1988년 6월 초에 러시아의 바이코누르 우주 발사장을 방문한 미국 기자들은 러시아의 우주왕복선 계획에 대해 질문했다. 이 질문에 러시아 우주비행사 출신인 게르만 티토프 장군은 "아직 공개할 정도로 준비는 안 되었지만 당신네들(미국) 것과 똑같이 생겼다"고 답해 러시아의 우주왕복선도 미국 것과 비슷한 모양이라는 사실이 알려졌다.

1988년 11월 15일 조종사를 태우지 않고 발사되는 러시아의 부란 우주왕복선(사진 Space Co. Energia)

미국과 러시아 우주왕복선의 차이

러시아의 우주왕복선 부란의 모양은 미국의 우주왕복선과 아주 비슷한 모습이다. 미국과 러시아 우주왕복선을 비교해보면 다음과 같다.

추력 보강용 로켓 미국은 두 개의 대형 고체 추진제 로켓을 사용하며, 모터 케이스를 낙하산으로 회수하여 여러 번 재사용할 수 있는 데 비해, 러시아는 네 개의 대형 액체 로켓을 사용하며 재사용이 불가능하다.

주 로켓엔진 미국은 세 개의 액체 로켓엔진을 우주왕복선에 부착해 여러 번 재사용할 수 있도록 설계했다. 그러나 러시아는 우주왕복선이 아닌 대형 추진제 통 아래에 부착하여 한 번밖에 사용하지 못하는 등 경제적인 면에서 미국의 우주왕복선이 훨씬 유리하다.

러시아 우주왕복선의 장점은 짐칸이 커서 좀더 많은 화물을 실을 수 있다는 점과 우주왕복선 외부에 붙인 내열타일의 성능이 좋다는 점이다.

몇 달 뒤인 1988년 10월 29일 러시아는 '부란(Buran, 눈보라)' 이라는 첫 번째 무인 우주왕복선을 발사한다고 발표했다. 그러나 발사 50초 전에 로켓에 이상이 발견되어 이를 수리하고, 보름 뒤인 11월 15일 에네르기아 로켓에 실어 성공적으로 발사했다.

부란은 발사 후 지구를 두 바퀴 선회한 뒤 바이코누르 발사장 근처에 있는 길이 4500미터의 전용 활주로에 무선 자동 조종으로 착륙했다. 착륙 속도는 시속 340킬로미터로 미국의 우주왕복선과 비슷했다.

러시아는 부란을 우주정거장에 물자와 우주비행사를 수송하는 데 사용하려고 계획하여 다섯 대를 제작한 것으로 알려져 있지만, 그후 이 계획은 취소되었고 더 이상의 비행은 없었다.

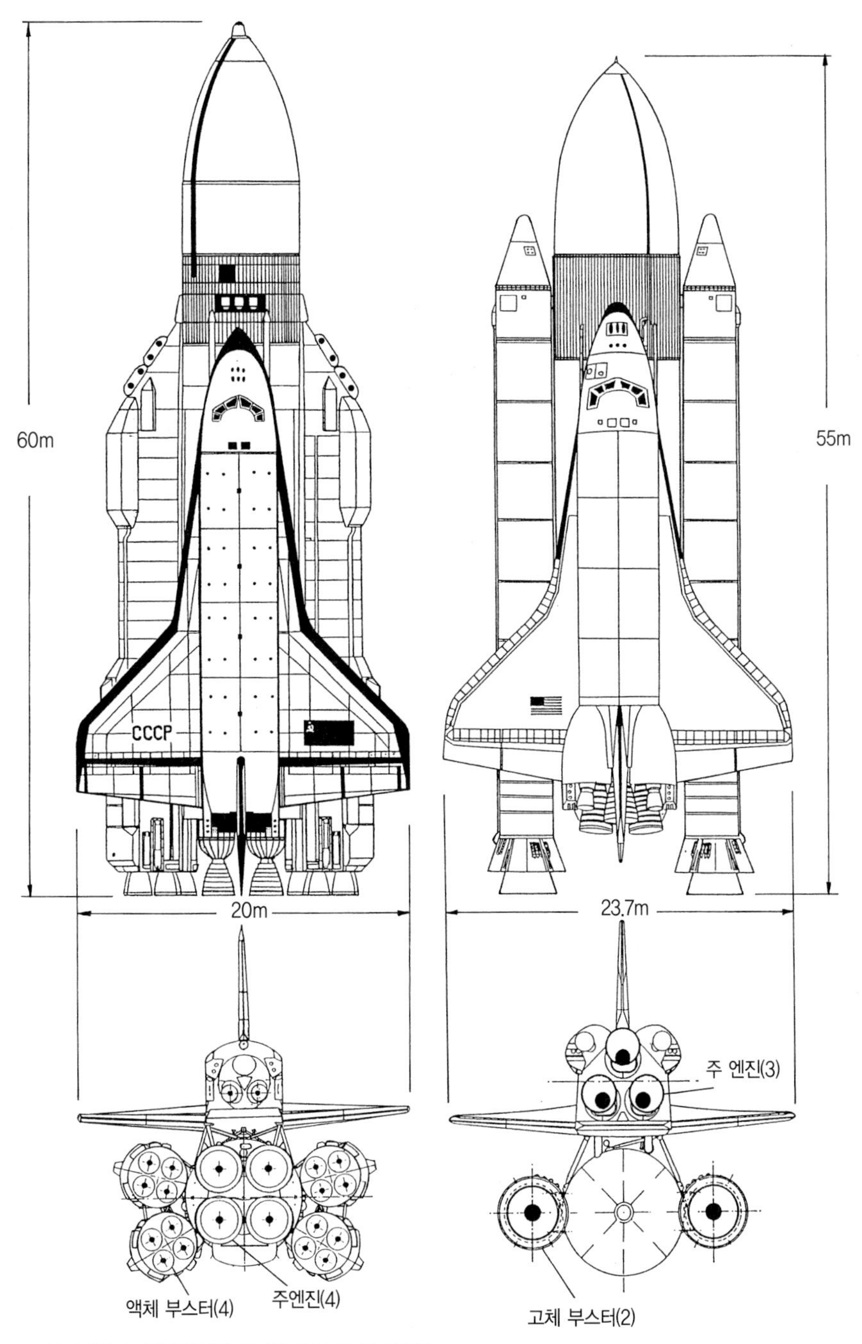

미국(오른쪽)과 러시아(왼쪽)의 우주왕복선 비교(그림 채연석)

불꽃에 사라져버린 꿈

우주왕복선의 비행 사고

강력한 중력이 잡아당기는 지구를 초속 8킬로미터의 속도로 벗어났다가 또 빠른 속도로 지구로 안전하게 되돌아오는 일은 과학기술이 발전한 오늘날에도 여전히 어려운 일이다.

안전에 만전을 기하지만 지구 밖으로 탈출했다가 귀환하는 것은 지구의 중력에 의해 우주선의 낙하속도가 점점 빨라지면서 대기와의 마찰에 의해 우주선의 표면이 섭씨 1000도 이상으로 가열되기 때문에 많은 안전사고가 발생할 가능성이 매우 크다.

보잉 747과 같은 대형 여객기는 보통 10킬로미터 높이에서 시속 800~900킬로미터로 날다가 지상에 착륙한다. 그러나 우주왕복선은 보통 270킬로미터 높이에서 육지로 떨어지며 내려오기 때문에 무척 위험하다. 우주왕복선이 우주에서 지구를 돌 때의 속도는 시속 2만 8000킬로미터 정도인데 지상에 착륙할 때의 속도는 시속 350킬로미터 정도다. 한 시간 동안에 270킬로미터를 내려오면서 80분의 1로 속도를 줄여야 한다. 이때 공기와의 마찰로 발생하는 열 때문에 귀환용 우주왕복선의 아랫부분 온도는 최대 섭씨 1650도까지 올라간다. 우주왕복선 개발에서 가장 어려웠던 문제도 바로 지구로 귀환할 때 고열을 견디며 안전하게 돌아오게 하는 것이었다. 2003년 초 컬럼비아호의 비극 역시 그러한 문제로 인해 발생했다.

이외에도 여러 가지 사고 위험이 존재한다.

챌린저호의 비극

1986년 1월 28일에도 케이프케네디 우주센터를 출발해 우주로 올라가던 우주왕복선 챌린저호가 폭발하는 사고가 일어났다. 당시 우주왕복선에는 민간인으로서는 처음으로 여자 과학 선생님 크리스타 매

1986년 1월 28일 51번째로 발사된 우주왕복선 챌린저호가 발사 후 74초 만에 폭발하는 사고로 일곱 명의 승무원이 전원 사망했다. 발사한 날은 몹시 추워 발사대에 고드름이 달릴 정도였으나 발사는 강행되었다. (사진 NASA)

미국항공우주국이 우주과학 교육을 확산시키기 위하여 과학교사 중 선발하여 탑승한 민간인 여교사 크리스타 매컬리프(사진 NASA)

컬리프(Christa McAuliffe)를 태웠다. 그리고 발사된 이후 우주에 올라가서 미국 대통령과 전화 통화를 하기로 계획되어 있었다. 이러한 이유로 미국인들은 당시의 우주비행에 많은 관심을 기울이고 있었다.

당시 미국 플로리다 주의 케이프케네디 우주센터 지역에는 몇십 년 만에 강추위가 닥쳤다. 그래서 우주왕복선 날개와 발사대 밑에는 고드름이 길게 꼬리를 내리고 있을 정도였다. 날씨가 추워서 준비에 문제가 있는지 발사는 며칠씩 계속 연기되었고 텔레비전 뉴스에서는 오늘도 우주왕복선은 발사되지 못했다고 미항공우주국을 비꼬면서 발사를 재촉했다. 여러 가지로 불안한 가운데 챌린저호는 무리하게 서둘러 발사되었고, 결국 우주로 올라가다 폭발하는 비극적인 사고가 발생했다. 우주왕복선이 첫 비행에 성공한 후 5년 만에 51번째 비행에서 첫 대형 사고가 발생한 것이다.

대형 고체 추력 보강용 로켓의 몸통 연결부 사이에 있던 고무 링이 추위에 수축되고, 그곳으로 섭씨 1000도 이상인 로켓의 연소가스가 새

매컬리프가 무중력 적응 연습을 하고 있다. (사진 NASA)

어 우주왕복선이 붙어 있는 대형 외부 추진제 탱크를 가열하면서 폭발한 것이다.

이 사고는 미국이 우주개발을 시작한 후 발생한 최대의 참사였다. 그러나 저녁 TV 뉴스에 민간 우주인 선발에 응모했다가 매컬리프에 밀려 우주왕복선을 타지 못한 선생님이 출연해, '자신에게 우주왕복선 탑승 기회를 주면 우주비행에 참여하겠다'고 말함으로써 미국인들의 강한 우주개발 의지와 개척정신을 대변하기도 했다.

추락한 컬럼비아호

2003년 2월 1일 밤 11시, 텔레비전 아래로 "미국 우주왕복선 귀환 중 실종"이라는 긴급 뉴스 자막이 나왔다. CNN에서는 우주비행을 마치고 귀환하던 우주왕복선 컬럼비아호가 불꽃을 내며 추락하는 장면

107번째 발사된 우주왕복선 컬럼비아호가 2003년 1월 16일 우주로 상승하고 있다. 이 우주왕복선은 2주 뒤 지구로 귀환하다 사고로 폭발했다. (사진 NASA)

을 보여주고 있었다. 마치 2년 전 러시아의 미르 우주정거장이 남태평양에 추락하며 만들어낸 비행 궤적을 다시 보는 듯했다. 드디어 또 사고가 났구나 하는 생각과 함께, 이번에는 이스라엘 우주비행사가 탑승하기 때문에 테러에 대비해서 케이프케네디 우주센터에 비상경계령을 내리고 경계를 강화했다는 보도가 기억났다. 혹시 테러는 아닐까?

그러나 테러는 아니었다. 우주왕복선이 이륙할 때 대형 외부 추진제 탱크에 붙어 있는 절연재료인 폴리우레탄 폼이 떨어지면서 우주왕복선 날개에 붙어 있는 흑연 타일을 파괴했고, 지구로 귀환하면서 대기권에 돌입하며 생긴 고열이 그곳에 닿아 우주왕복선을 폭발시킨 것이었다.

이번 사고는 물론 기술적인 문제 때문이지만 기술 외적인 부분에도 큰 문제가 있었다. 즉 새로운 미국항공우주국 국장이 임명되면서 우주비행의 안전을 생각하기보다는 경영을 우선시하여 구조조정을 단행한 것이다. 미국은 1995년부터 1999년까지 미국항공우주국의 인원을 3000명에서 1800명으로 줄였으며 예산도 계속 줄여나갔다. 최근의 예산은 10년 전에 비해 40퍼센트나 깎인 상태다. 우주왕복선을 발사하기 위해서는 100만 가지 이상을 점검해야 하는데 예산과 전문 인력이 많이 부족한 상태에서 늘 안전을 위협받아왔다고 전문가들은 말한다.

우주정거장 건설에 매우 중요한 우주왕복선은 이 사건 이후 취약한 곳을 개선한 뒤 2005년 7월 26일 재비행에 성공했다.

114번째로 발사된 디스커버리호는 2주일간의 우주비행에서 우주정거장을 수리하고 우주비행사의 우주유영을 통해 우주왕복선 배부분의 타일을 검사하고 수리한 후 8월 9일 안전하게 귀환했다. 미국은 모두 다섯 대의 우주왕복선을 제작했는데, 두 대가 사고로 없어지고 나머지 세 대를 우주정거장 건설에 계속해서 사용할 계획이다.

우주 나들이

차세대 우주왕복선

1996년 미국은 비행기처럼 연료만 채우면 계속 사용할 수 있는 차세대 우주왕복선 연구를 했는데 그것이 바로 X-33 시험기다. X-33은 지금처럼 수직으로 발사되어 우주에 올라갔다가 다시 지금의 우주왕복선처럼 지구로 돌아오는 우주왕복선이다. 그러나 지금의 우주왕복선과 다른 점은 100퍼센트 재사용이 가능하게 설계한 것이다.

X-33과 벤처스타의 꿈

X-33은 전체적으로 쐐기형이다. 전체 길이는 21미터, 전체 폭은 23미터다. 추진제는 액체산소를 산화제로, 액체수소를 연료로 사용하며 발사할 때 총 무게는 128톤이다. 캘리포니아 주 에드워즈 공군기지에서 수직으로 발사되어 마하 13의 속도로 비행해 1만 6000킬로미터 떨어진 유타 주의 공군기지에 착륙할 계획이었다.

개발이 취소된 X-33, 벤처스타, 우주왕복선의 비교(그림 NASA)

X-33의 비행이 성공적으로 이루어지면 록히드 마틴에서는 실용형 우주왕복선 '벤처스타(Venture Star)'를 개발할 계획이었다. 벤처스타는 X-33의 두 배 크기로 인공위성을 우주로 운반하기 위해 개발하려 한 차세대 우주왕복선이다.

우주왕복선은 우주개발의 가장 중요한 도구다. 이러한 이유로 많은 사람들이 새로운 우주왕복선의 등장을 기다렸다. 특히 새로운 우주왕복선은 지금 우주왕복선의 1회 비행에 소요되는 경비를 10분의 1 정도로 줄이는 것을 목표로 했다.

시험용 우주비행기인 X-33은 개발을 시작한 지 5년이 지났지만 새롭게 극복해야 할 기술들이 자꾸만 나타났다. 미국항공우주국은 2001년 3월 결국 X-33 개발사업을 중단했다. 당초 비행 목표는 1999년이었으나 2001년까지도 첫 비행용 우주선을 개발하지 못했기 때문이다.

첫 번째 핵심기술은 출발할 때 지상이나 우주에서 추력에 큰 차이가 없는 엔진을 개발하는 것이다. 즉 어느 고도에서나 엔진의 성능이 큰 차이가 없는 에어로스파이크(Aerospike) 엔진을 개발하는 것이다. 현재 사용 중인 로켓엔진과 다른 점은 엔진에 노즐이 없고 추력 방향을 쉽게 바꿀 수 있다는 것이다. 이후 에어로스파이크 엔진에서 최고 출력을 만들어내는 시험에 성공한 후 2000년 2월 3일에는 125초간 엔진의 성능을 점검한 시험에도 성공했다.

두 번째 핵심기술은 금속패널에 의한 열방호 시스템이다. 지금의 우주왕복선은 지구로 돌아올 때 대기와의 마찰에 의해 온도가 높이 올라가는 부분에 흑연 타일을 부착하여 발생하는 열을 흡수하도록 되어 있다. 그런데 비행 중 흑연이 떨어져 나갈 수도 있고, 비행 후 교체하는 경우가 많아 매우 불편하다. X-33에서는 흑연 타일 대신 금속 패널에 의한 열방호 시스템을 사용하기로 했다. 이 금속 패널에 의한 열방호 시스템도 시험에 성공했다.

세 번째로 중요한 기술이 복합재료로 액체수소 탱크를 개발하는 것이다. 우주왕복선의 무게를 줄이려면 추진제 탱크를 가볍게 해야 한다. 그런데 시험에서 섭씨 영하 213도의 액체수소를 담은 탱크에 금이 갔다. 이 문제 때문에 미국항공우주국은 결국 X-33의 개발을 포기하기로 결정했다. 언젠가 액체수소와 같은 극저온 연료를 안전하게 담을 수 있는 복합재 연료탱크가 개발되면 새로운 우주왕복선 개발을 다시 시작할 것이다. 최근 영하 183도의 액체산소를 담는 복합재 탱크의 개발에는 성공했다.

비행기처럼 연료만 채우면 수십 번씩 우주를 비행할 수 있는 우주왕

에어로스파이크 엔진(사진 NASA)

복선은 핵심기술을 좀더 개발한 뒤에나 볼 수 있을 것이다.

한 번 쓰고 버리지 않는 우주왕복선 개발

현재 미국이 사용하고 있는 우주왕복선은 디스커버리, 아틀란티스, 엔데버 등 세 대다. 이들은 벌써 30여 회 가까이 비행했다. 우주왕복선의 수명은 20년 정도이므로 앞으로 6~7년 정도밖에 사용할 수 없다. 때문에 차세대 우주왕복선을 준비해야 한다. 현재 사용하고 있는 우주왕복선을 개발하는 데도 10년이 걸렸으니 차세대 우주왕복선 개발은 적어도 7~8년은 준비를 해야 하기 때문이다.

미국항공우주국은 산업체로부터 차세대 우주왕복선 개발 개념에 대한 제안을 받아 이미 세 가지 정도로 개념을 선별해놓은 상태다. 조금이라도 일찍 차세대 우주왕복선의 형태를 보고 싶다. 아마도 현재의 우주왕복선보다는 한 번 쓰고 버리는 것을 줄이고 좀더 편리하게 만들어질 것이다. 컬럼비아호의 사고로 차세대 우주왕복선 개발은 대폭 앞당겨질 전망이다.

현재 미국이나 러시아의 우주왕복선 그리고 개발 중에 있거나 구상 중인 유럽 우주기구와 일본의 우주왕복선은 제트 비행기처럼 연료만 주입하면 다시 사용할 수 있는 완벽한 수준의 우주왕복선은 아니다. 아직도 매번 발사 때마다 소모되는 연료 이외에도 많은 부분의 구조물을 버린다. 멀지 않은 장래에 연료 이외에 버리는 것이 전혀 없는 우주왕복선이 개발되면, 제트 여객기를 타고 해외를 여행하듯 우주여행도 쉽고 값싸게 할 수 있는 날이 올 것이다.

민간 우주선

값싼 우주비행

세계 각국은 우주여행을 값싸게 직간접으로 할 수 있는 프로그램을 개발 중이다. 특히 미국의 스케일드 컴포지츠(Scaled Composites) 사에서 개발한 우주여행 프로그램은 값싸게 우주비행을 할 수 있는 획기적인 프로그램이다.

민간의 간접적인 우주여행 프로그램

미국 버지니아 주 알링턴에 있는 스페이스 어드벤처 사는 1주일간 특별 우주캠프에서 훈련을 마친 후 작은 우주왕복선을 타고 지구궤도에 올라 지구의 모습을 본 다음 파일럿이 3분간 엔진을 끈 상태에서 무중력상태를 경험한 뒤 지구로 귀환하는 단순한 우주여행 계획을 세워놓고 있다. 스페이스 어드벤처 사는 현재 세 종류의 우주여행 및 우주여행 체험 프로그램을 갖고 있다.

현재도 진행 중인 체험 프로그램은 미그 25기를 타고 지상 25킬로미터까지 비행하는 것이다. 모스크바 근처에 있는 즈크브스키 공군기지에서 미그 25기를 타고 마하 2.5의 빠른 속도로 25킬로미터까지 상승했다 내려오는 것으로 지난 수년 동안 수천 명이 탑승을 했다. 현재 이 프로그램을 즐기려면 1인당 1만 4400달러(약 1900만 원)는 준비해야 한다. 참고로 여행할 때 타는 보잉 747 여객기는 10~11킬로미터 높이에서 비행한다.

다음으로 무중력상태 체험은 일류신 IL-76으로 비행을 하며 2~3분간 무중력상태를 체험하는 프로그램이다. 지상 100킬로미터까지 우주선을 타고 올라갔다 내려오는 프로그램을 위한 우주선은 현재 개발 중이다. 최근 일본과 한국에서 우주비행 경품으로 내놓은 우주여행 프로그램이 바로 스페이스 어드벤처 사의 세 번째 상품으로, 우주선을 타고 100킬로미터까지 올라갔다 내려오는 것이다.

우주비행에 성공한 첫 민간우주선

2004년 10월 4일 오전 7시 45분, 미국 캘리포니아 주 모하비 에드워즈 공군기지에서는 민간회사 스케일드 컴포지츠에서 만든 우주선이 발사되었다. 백기사(White Knight)라는 모선에 실려 발사된 우주선 스페이스십 1(SpaceShip One, SS-1)은 아마도 '민간인이 개발한 우주선 1호'가 되라는 의미에서 붙인 이름인 것 같다. 스페이스십 1은 이륙 후 14.02킬로미터 높이에서 분리된 후 약 90분 동안 데드 존(dead zone)이라 불리는 지상 50~100킬로미터 구간을 약간 벗어난 111.64킬로미터까지 비행하고 지구로 되돌아왔다. 이날은 첫 인공위성 스푸트니크 1호가 우주로 발사된 지 47년 되는 날이기도 했다.

물론 100킬로미터 높이까지 올라갔다 내려온 것이 지구를 회전한 것과 같은 우주비행은 아니지만, 지구와 우주의 경계선인 지상 100킬로미터까지 올라갔다 내려온 것만 해도 대단한 성과다. 영국 BBC 등 주요 언론에서는 상업 우주기술의 경계선을 크게 확장시키는 역사적

두 번째 비행에서 모선에서 분리되어 100킬로미터 상공을 향해 치솟고 있는 민간 우주선 스페이스십 1, 2004년 10월 4일(사진 스케일드 컴포지츠 사)

인 순간이라는 평가를 내리며 반기는 분위기다.

이에 앞서 스페이스십 1은 지난 9월 29일 102킬로미터 높이까지 성공적으로 비행했다. 100킬로미터 높이까지 상승하는 데 처음으로 성공한 것은 지난 6월 21일이다. 이날 새벽 6시 45분 이륙한 뒤 100.095킬로미터까지 상승한 뒤 90분 만에 무사히 귀환했다. 그러나 비행 중 몇 가지 문제점이 발생해 이를 수선한 뒤 이번에 일주일 안에 두 번의 비행에 성공한 것이다.

민간 우주선의 성공에는 1000만 달러의 상금이 걸려 있었다. 세인트루이스의 한 단체가 1996년에 만든 '앤서리-X 상(Ansari-X prize)'은 2005년까지 세 명을 태우고(혹은 한 명과 두 명에 상당하는 무게를 싣고), 100킬로미터 고도까지 올라갔다 내려와 2주 안에 반복비행을 하면 즉시 1000만 달러(120억 원)의 상금을 준다. 이 상금을 위해서 미국, 영국, 러시아, 이스라엘, 캐나다 등 우주기술 선진국 일곱 나라에서 25개 단체가 참여했다. 우주선의 궤도 진입을 위해 캐나다와 이스라엘은 풍선을 사용했으며, 미국의 또다른 참가단체는 로켓엔진의

앤서리-X 상의 첫 비행을 성공리에 마치고 활주로에 착륙하는 스페이스십 1, 2004년 9월 29일(사진 스케일드 컴포지츠 사)

추력을, 그리고 영국 단체는 제트엔진과 로켓엔진을 동시에 채용하는 등 온갖 아이디어들이 경연을 펼치고 있다.

스페이스십 1의 100킬로미터 상승은 1986년 세계일주 비행기 보이저호를 설계한 버트 루탄(Burt Rutan)의 설계와 비행경력과 실력으로 인정받는 마이크 멜빌(Mike Melvill)의 조종 실력, 그리고 마이크로소프트 사 공동창업자인 폴 앨런(Paul Allen)의 자금 지원 3박자가 맞아떨어져 이루어낸 성과다. 물론 그 이면에는 우주 기술 개발의 발전에 대한 열정이 있었을 것이다. 스페이스십 1의 제작에 2000만 달러가 소요된 것만 보더라도 단순히 상금을 위한 모험이 아니었다는 것을 알 수 있다.

스페이스십 1을 설계하고 개발한 버트 루탄은 한 번 이륙한 후 중간에 연료 보급을 받거나 착륙하지 않고 세계일주에 성공한 보이저호 설계자로 유명할 뿐만 아니라 미국이 아끼는 항공공학자다. 보이저호의 성공으로 자신의 능력을 보여준 루탄이기에 세계적으로 훌륭한 조종

공동창업자 폴 앨런, 설계자 버트 루탄, 조종사 마이크 멜빌이 민간 우주선 사상 가장 높이 올라간 기록을 세우고 찍은 기념사진, 2004년 6월 21일(사진 스케일드 컴포지츠 사)

사와 세계적인 갑부인 앨런의 도움을 받을 수 있었을 것이다.

루탄의 100킬로미터 도전에는 두 종류의 비행체가 동원되었다. 하나는 쌍발 터보 제트비행기인 '백기사'이고, 다른 하나는 세 명이 타고 100킬로미터 상공까지 올라갔다 내려오는 우주선 '스페이스십 1'이다.

비행 과정을 살펴보면 비행장에서 백기사의 배에 붙어서 스페이스십 1이 이륙한 뒤 16킬로미터 상공까지는 백기사의 도움으로 올라간다. 그리고 이곳에서 백기사로부터 스페이스십 1이 떨어져 나와 뒤에 달려 있는 하이브리드 로켓을 점화하여 80초 동안 연소하며 수직으로 50킬로미터까지 상승한다. 이때 최고속도는 음속의 세 배까지 올라간다. 그리고 100킬로미터까지는 관성으로 올라갔다가 내려오는 것이다. 이때 관성으로 올라가는 과정에서 무중력상태가 3분 정도 만들어진다.

이번 도전에서는 100킬로미터까지 올랐다가 내려오는 데는 성공했

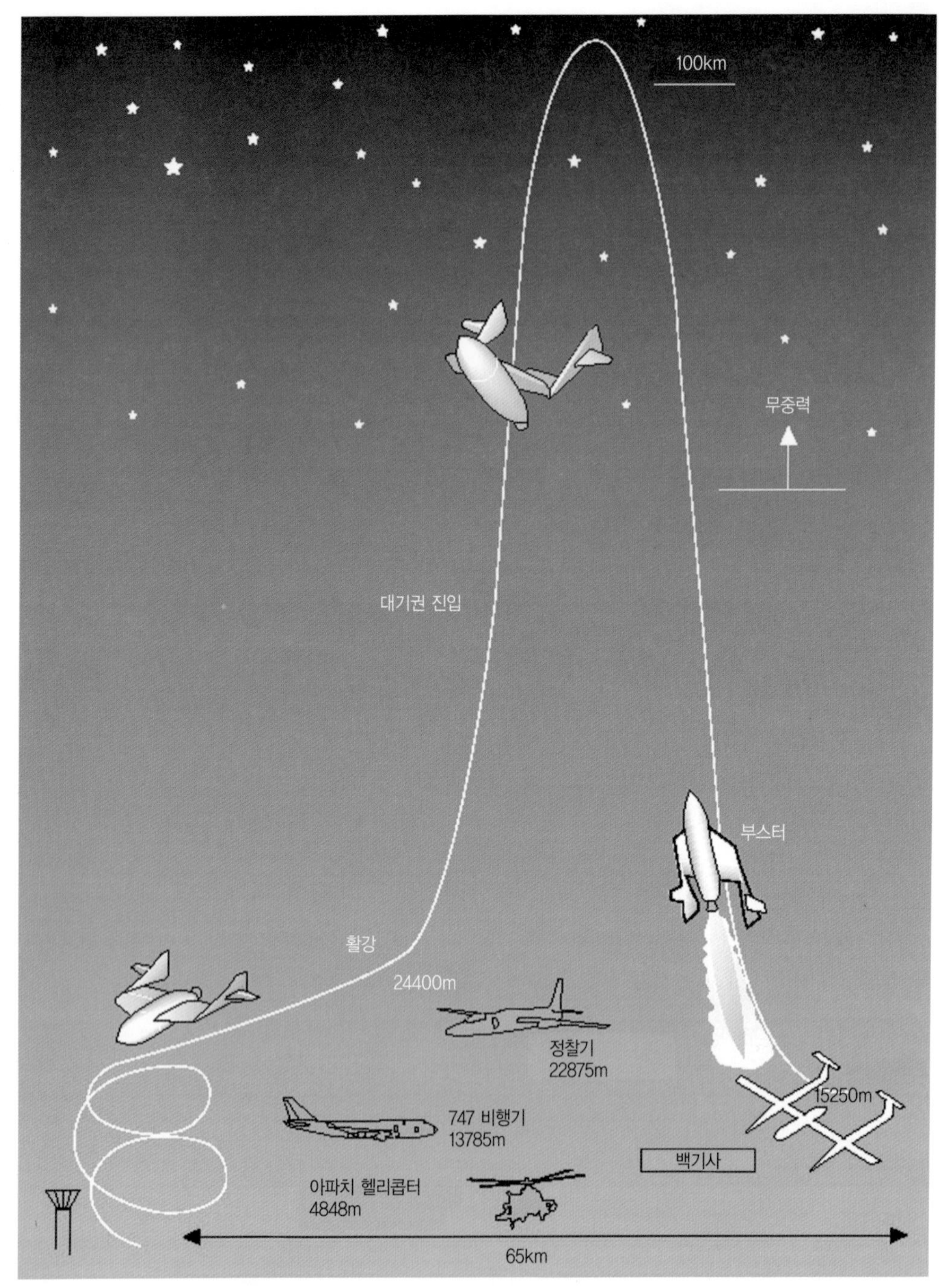

스페이스십 1 비행도(그림 스케일드 컴포지츠 사)

모하비 사막 위에서 민간 우주선 스페이스십 1이 모선 밑에 붙은 채 비행 시험을 하고 있다. (사진 www.scaled.com)

으나, 비행 과정에 약간의 문제가 있었다. 노련한 멜빌이 비행하지 않았다면 성공하기 어려웠을 것이다. 이번 비행에서 발생한 문제점을 해결한 후 다시 도전할 것으로 알려지고 있다. 이번 비행은 라이트 형제가 비행을 한 지 101년 만에 이룩한 역사적인 비행이다.

100킬로미터까지 올라갔다 내려왔다고 해서 인공위성처럼 우주를 비행했다고는 할 수 없다. 스페이스십 1이 100킬로미터까지 올라갔을 때 지구를 도는 수평 방향 속도는 0이다. 그러나 인공위성이 되기 위해서는 수평 방향 속도가 초속 8킬로미터는 되어야 한다. 우주왕복선처럼 초속 8킬로미터로 우주를 비행하는 것은 단순히 100킬로미터 높이까지 올라갔다 내려오는 것보다는 기술적으로 매우 어려운 일이다. 우주왕복선을 제외하고 100킬로미터 높이까지 올라가는 도전에 성공한 것은, 1963년 8월 22일 미국항공우주국이 X-15 시험용 로켓 비행기를 이용해 107킬로미터까지 상승한 이후 민간인이 민간 자본으로 개발한 스페이스십 1 로켓 비행기가 처음이다. 민간인들이 개발한 우주선으로 우주여행에 도전하기 시작한 셈이다. 값싸게 우주를 여행하는 길이 막 열린 셈이다.

최근 영국의 버진 애틀랜틱 항공사 주인인 리처드 브랜슨 회장은 스케일드 컴포지츠 사로부터 우주로켓 스페이스십 1을 구입해서 2007년부터 1인당 19만 달러(약 2억 원)에 두 시간 동안 우주비행을 시켜주는 사업을 하기로 결정했다고 발표했다. 이 우주비행은 세 명이 우주선을 타고 100킬로미터 높이까지 올라갔다 내려오는 것으로, 정상에서 지구를 감상하며 4분간 무중력상태를 경험할 수 있다.

참고문헌

다찌바나 다카시, 『우주비행사 그들의 이야기』, 이형우, 동암, 1991.

로버트 재스트로, 『우주탐험의 미래』, 이상각, 을유문화사, 1990.

레지널드 터널, 『달 탐험의 역사』, 이상원, 도서출판 성우, 2005.

심승택, 『달에서 만납시다』, 정음사, 1969.

이승원, 『인공위성』, 문운당, 1958.

인공위성연구센터, 『우리는 별을 쏘았다』, 미학사, 1993.

『우주공간 관측 30년사』, 우주과학연구소, 1987.

윌리 레이, 『인공위성과 우주』, 조순탁, 탐구당, 1964.

———, 『우주과학』, 김재권, 을유문화사, 1972.

윌리암 E. 호워드, 『목적지: 달세계』, 미국공보원, 1969.

존 딜, 『우주의 신비를 헤치고』, 최영복, 어문각, 1963.

제임즈 J. 해거티, 『우주선』, 위상규, 탐구당, 1963.

『21세기에 도전하는 일본의 우주산업』, 일간공업신문사, 1986.

채연석, 『로켓과 우주여행』, 범서출판사, 1972.

——— 『한국 초기 화기 연구』, 일지사, 1981.

——— 『눈으로 보는 우주개발이야기』, (주)나경문화, 1995.

——— 『눈으로 보는 로켓이야기』, (주)나경문화, 1995.

———, 강사임, 『우리 로켓과 화약무기』 서해문집, 1998.

———, 『로켓이야기』, 승산, 2002

토머스 D. 존스, 『NASA 우주개발의 비밀』, 채연석, 아크라네, 2003.

홍용식, 『우주를 향한 인간의 꿈』, 동앙일보사, 1991.

Andrew G. Haley, *Rocketry and Space Exploration*, New York; D.van Nostrand Co., Inc.,1959.

Anthony Feldman, *SPACE*, New York; Facts On File, 1980.

Apollo 8- Man Around The Moon-, NASA EP-66, NASA,1968.

Apollo 11-Lunar Landing Mission-, NASA, 1969.

Arthor C. Clarke, *Man and Space*, New York ; Life Science Library, 1964.

Carl Sagon, *COSMOS*, New York ; Random house,1980.

Constantin Paul Lent, *Rocket Research*, New York ; The Pen-Lnk Pub.Co., 1945

David A. Anderton, *Man In Space*, NASA EP-48, NASA, 1968.

Deng Ligun, *China Today Space Industry*, Beijing ; Astronautic Publishing house, 1992.

Dennis R. Jenkins, *Space Shuttle*, Flodia ; Broadfield Publishing, 1993.

Dudley Pope, *Guns-From the Invention of Gun Powder to the 20th Century-*, New York ; Delacorte Press, 1965.

Ernst Stuhlinger, *Wernher von Braun*, Malabar ; Krieger Publishing Co., 1994.

Evgeny Riabchikov, *Russians in Space*, New York ; Doubleday & Co, Ins, 1971.

Frank H. Winter, *Prelude to the Space Age*, Washington D.C ; Smithsonian Institution Press, 1983.

———, *Rockets into Space*, Cambridge ; Harvard Univ. Press, 1990.

———, *The first Golden Age of Rocketry*, Washington D.C. ; Smithsonian institution Press, 1990.

Frank H. Ross Jr., *Guided Missiles*, New York ; Lothrop Lee & Shepard, 1951.

Glovanni Caprara, *Space Satellites*, New York ; portland house, 1986.

I. A. Slukhai, *Russian Rocketry*, NASA TTF-426.

In THIS DECADE... *Mission To the Moon*, NASA EP-71, NASA, 1969.

James S. Trefil, *Living in Space*, New York ; Charles Scribner's sons, 1981.

John W.R. Taylor, *Rockets and Missile*, New York ; Bantam Books, 1972.

Kenneth Gatland, *space Technology*, 2nd ed., New York ; Salamander books Limited, 1989.

K.E. Tsiolkovskiy, *Works on Rocket Technology*, NASA TTF-243.

Marsha Freeman, *How We Got to the Moon*, Washington D.C. ; 21st Century Sciency Associates, 1993.

Miller Ron, *The Dream Machines*, Krieger Publishing Co, Malaber, 1993.

Mitchell R. Sharpe, *Satellites and Probes*, New York ; Doubleday & Company, 1970.

Michael Rycroft, *The Cambridge Encyclopedia of Space*, Cambridge ; Cambridge Univ. Press, 1990.

Moments In Space, New York ; Gallery Books, 1986.

Nicholas Booth, *SPACE*, London; Brian Trodd Pub. house Limited, 1990.

P. E. Cleator, *An Introduction to Space Travel*, New York; Pitman Publishing Co. 1961.

Pendray G. Edward, *The Coming Age of Rocket Power*, New York; Harper & Brothers Publishers, 1944.

Peter Bond, *Reaching for the Stars*, London; A cassell book, 1993.

Phillip Clark, *The Soviet Manned Space Program*, New York; Orion books, 1988.

Richard S. Lewis, *Appointment On The Moon*, New York; The Viking Press, 1968.

Robert Grant Mason, *Life in Space*, Boston, Toronto; Little, Brown & Co, 1983.

Salyut Takes Over, Moscow; Novosti Press Agency Publishing house, 1983.

Space; The New Frontier, NASA EP-6, NASA, 1966.

Steven J. Zaloga, *Soviet Air Defence Missiles*, Surrey; Jane's Information Group, 1989.

The Kennedy Space Center Story, NASA, 1991.

This New Ocean-A history of Project Mercury-, NASA SP-4201, NASA, 1966.

Valentin Glushko, *Soviet Cosmonautics*, Moscow; Novosti Press Agency Publishing house, 1988.

V. N. Sokolskii, *Russian Solid-Fuel Rockets*, NASA TTF-415, 1967.

V. P. Glushko, *Development of Rocketry and Space Technology in the USSR*, Moscow; Novosti Press Agency Publishing house, 1973.

Wayne R. Matson, *COSMONAUTICS*, Washington D.C.; Cosmos book, 1994.

Wernher von Braun, *Space Frontier*, New York; Holt, Rinehart & Winston, 1967.

———, & Frederick Ordway, *History of Rocketry and Space Travel*, New York; Crowell 1975.

———, *The Rockets' Red Glare*, New York; Anchor Press, 1976.

William J. Walter, *Space Age*, New York; Ramdom house, 1992.

Willian Ried, *ARMS-through the ages-*, New York; Harper & Row Publishers, 1975.

Willy Ley, *Rockets, Missiles and Space Travel*, New York; The Viking Press, 1943~1968.

Yuri Shkolenko, *The Space Age*, Moscow; Progress Publishers, 1987.

| ㄱ |

| ㄴ |

| ㄷ |

| ㄹ |

| ㅁ |

| ㅂ |

| ㅅ |

| ㅋ |

| ㅌ |

| ㅎ |

우리는 이제 우주로 간다

1판 1쇄 | 2006년 5월 12일
1판 2쇄 | 2007년 7월 25일

지 은 이 | 채연석
펴 낸 이 | 김정순
펴 낸 곳 | (주)북하우스
출판등록 | 1997년 9월 23일 제406-2003-055호

주　　소 | 413-756 경기도 파주시 교하읍 문발리 파주출판도시 513-8
전자우편 | henamu@hotmail.com
전화번호 | 031) 955-2555
팩　　스 | 031) 955-3555

ISBN 89-89799-52-X 03440

이 도서의 국립중앙도서관 출판시도서목록(CIP)은 e-CIP 홈페이지(http://www.nl.go.kr/cip.php)에서
이용하실 수 있습니다.(CIP제어번호: CIP2005002252)